普通高等教育"十四五"规划教材

冶金工业出版社

环境工程专业实习实践指导书

（第 2 版）

主　编　陈月芳　林　海

副主编　毕　琳　常雁红

本书数字资源

U0352577

北　京

冶 金 工 业 出 版 社

2022

内 容 提 要

　　本书在阐述环境工程专业认识实习的目的、要求、内容及对学生实习基本要求的基础上，介绍了污水处理厂及处理工艺、典型大气污染治理技术、固体废物处理及处置方式、噪声治理基本内容、环境污染治理中常用设备和仪表，环境监测实习等内容，并在各个章节中补充介绍了相关典型案例，以便扩充实习内容。

　　本书可作为高等学校环境工程、环境科学、市政、给排水等专业的教学用书，也可供环境污染治理行业技术人员的参考。

图书在版编目(CIP)数据

环境工程专业实习实践指导书/陈月芳，林海主编．—2版．—北京：冶金工业出版社，2022.6
普通高等教育"十四五"规划教材
ISBN 978-7-5024-9155-0

Ⅰ.①环⋯　Ⅱ.①陈⋯　②林⋯　Ⅲ.①环境工程—高等学校—教学参考资料　Ⅳ.①X5

中国版本图书馆 CIP 数据核字(2022)第 077251 号

环境工程专业实习实践指导书　（第 2 版）

出版发行	冶金工业出版社	**电　　话**	(010)64027926
地　　址	北京市东城区嵩祝院北巷 39 号	**邮　　编**	100009
网　　址	www.mip1953.com	**电子信箱**	service@ mip1953.com

责任编辑　于昕蕾　美术编辑　彭子赫　版式设计　孙跃红
责任校对　李　娜　责任印制　禹　蕊
三河市双峰印刷装订有限公司印刷
2017 年 7 月第 1 版，2022 年 6 月第 2 版，2022 年 6 月第 1 次印刷
710mm×1000mm　1/16；14.25 印张；277 千字；213 页
定价 39.00 元

投稿电话　(010)64027932　投稿信箱　tougao@cnmip.com.cn
营销中心电话　(010)64044283
冶金工业出版社天猫旗舰店　yjgycbs.tmall.com
(本书如有印装质量问题，本社营销中心负责退换)

第 2 版前言

实习是环境工程专业教学计划中的一项重要实践环节，学生在校期间不仅应掌握扎实的基础理论和宽广的专业知识，还必须参加相应的实践活动。通过实习实践，可促进学生理论联系实际，加深其对书本知识的理解，提高分析和解决问题的能力，获得环境工程设计、施工技术与组织管理的初步实践知识，了解环保设施、设备的运行及管理知识。通过感性认识，增强学生对环境污染治理工艺原理的理解，并获得实际工作能力与经验。

认识实习是实践教学的重要组成部分，目的在于培养学生对专业知识的初步感性认识，对学生环保意识的初步渗透，补足课堂教学的内容，让理论知识与实际生产紧密结合。

本教材首先介绍了认识实习的目的、要求、内容以及对学生实习的基本要求，然后按照章节分别介绍了污水处理厂、典型大气污染治理单位、固体废物处理与处置场、噪声污染治理、环境监测实习、环境领域常见设备及仪表等相关内容。同时，将相关典型案例、相关知识点、部分环保标准与技术规范等以专栏的形式融入本教材各章节中。

《环境工程专业实习实践指导书》第 1 版出版发行以来，受到广大师生的欢迎，教材在多所高校得到使用，并得到了广泛的认可，同时也收到了许多建议和意见，使教材内容不断完善、形式不断更新。近年来，由于我国对环境保护和污染治理的力度不断加大，污染单位投入资金不断提高，处理工艺日新月异，处理效果不断提高……新的形势对于教学工作、教学内容提出了新的更高的要求。因此本教材在第 1 版教材的基础上，增加了国家最新相关法律法规内容，补充了重点实习行业新工艺，增设了环境监测实习新内容，践行"绿水青山就是金山银山"的理念。

本教材在编写过程中，参考了多部相关的实习指导书和相关资料，在此一并向作者表示感谢。

本教材由陈月芳、林海担任主编，由毕琳、常雁红担任副主编。全书由陈月芳副教授统稿，林海教授、毕琳高级经济师、常雁红副教授修订和定稿。北京科技大学金龙哲、宋波、李天昕、董颖博、杜翠凤、刘双跃、冯瑞、陈辉伦等教师在撰写过程和提供素材中并给予了帮助；研究生安丹凤、滕科均、王岩、彭焕玲、刘哲、刘倩、曲尽妍、士青允、何梦雪、李彤等参与了本教材的材料内容汇总和校正，在此表示感谢！同时，本教材得到了北京科技大学教材建设经费资助，北京科技大学教务处全程支持，在此表示感谢！在本教材审稿阶段，还得到北京排水集团、华能北京热电厂、北京环境卫生工程集团等单位的支持！最后，感谢帮助和支持本教材编写和出版工作的有关领导和广大师生！

北京科技大学周北海教授和中国地质大学（北京）冯传平教授担任本书的主审。根据主审提出的意见，本书又做了进一步的修改和补充。

由于作者水平有限，本教材难免有不足之处，恳请各位专家、学者和读者批评指正，以便改进和完善。

作　者
2022 年 3 月于北京

第1版前言

实习是环境工程专业教学计划中的一项重要实践环节，学生在校期间不仅应掌握坚实的基础理论和宽广的专业知识，还必须参加相应的实践活动。学生通过实践，可促进理论联系实际，加深对书本知识的理解，提高分析和解决问题的能力，获得环境工程设计、施工技术与组织管理的初步实践知识，了解环保设施、设备的运行管理知识。通过感性认识，增强学生对环境污染治理工艺原理的理解，并获得实际工作能力与经验。认识实习是实践教学的重要组成部分，目的在于培养学生对专业知识的初步感性认识，对学生环保意识的初步渗透，弥补课堂教学的不足，让理论知识与实际生产紧密结合。

本书首先介绍了认识实习的目的、要求、内容及对学生实习的基本要求，然后按照章节分别介绍了污水处理厂、典型大气污染治理单位、固体废物处理场、噪声治理、环保治理中常用设备和仪表等基本内容，以及各个内容的典型案例，并将环保法规、政策等以补充资料的形式融入到本书中。

全书由陈月芳副教授统稿，林海教授、毕琳工程师修订和定稿。北京科技大学金龙哲、宋波、李天昕、董颖博、杜翠凤、刘双跃等教师在撰写过程和提供素材中，给予了帮助；研究生安丹凤、滕科均、王岩、彭焕玲、刘哲参与了本书的材料内容汇总和校正，在此表示感谢！同时，本教材得到了北京市特色专业建设点（环境工程 TS12533）建设项目、北京科技大学教材出版基金、北京科技大学教育教学改革项目的经费资助，在此表示感谢！在审稿阶段，还得到北京排水集团、华能北京热电厂、北京环卫集团等单位的支持！最后，感谢帮助和支持本书编写和出版工作的有关领导和广大师生！

北京科技大学周北海教授和中国地质大学（北京）冯传平教授担任本书的主审。根据主审提出的意见，本书又做了全面的修改和补充。

本书可作为高等学校环境工程、环境科学、市政工程、给排水科学与工程等专业的教学用书和环境污染治理行业技术人员的参考指导书。

由于作者水平有限，书中难免存在错误或遗漏之处，恳请批评指正。

作　者

2017 年 2 月于北京

目　　录

1 认识实习概述

认识实习，又称认知实习，是高等学校的一种教学形式，是对书本知识的巩固加深。在学习主要专业课之前，学生需要通过参观、跟班等方式到专业相关工作岗位去学习。旨在使学生对未来工作情景有所了解，获得感性认识，增进理论与实际的联系，为学习专业课做准备。

实习目的

环境工程专业认识实习是本科教学计划中重要的实践性教学环节，又称认知实习。通过到各种规模和工艺的市政污水处理厂（包括再生水厂、污水深度处理厂）、各种行业污水处理厂（站），市政垃圾转运站、垃圾堆肥场、垃圾安全填埋场和垃圾焚烧处置厂、火力发电厂、钢铁行业等企业参观学习，听取企业专家相关介绍，使学生初步接触环境工程专业的应用领域，认识生产工艺，感受生产过程，开阔专业视野。

同时专业认识实习也是学生初步了解我国环保领域发展动态、发展需求和存在问题的重要途径之一，通过此实践活动，可以培养学生理论联系实践的能力；综合运用所学知识，分析科研和工程中存在的问题；掌握解决实际问题的基本思路和方法。通过实习使学生进一步了解环境工程专业的发展现状，从而更加热爱本专业，更好地发挥自己的专长，投身到环保事业中。

实习内容

环境工程专业的认识实习，主要包含水污染控制、大气污染控制、固体废物处理与处置、环境监测等相关生产单位和企业的分散或集中实习，一般具体包含如下内容：

（1）了解我国环境质量状况，生态环境保护相关标准和政策等。

（2）了解一般实习单位的概况、安全生产要求、生产工艺、主要处理设备、处理效果和环保标准等。

（3）了解城市给水系统、城市排水系统的布局、输水管道以及常见问题等。

（4）掌握常规污水处理厂、污水深度处理与回用处理厂等常见处理工艺、流程和特点，以及各主要处理单元的处理性能和指标等。

（5）了解农村污水特点、常见处理工艺以及常见农村污水处理一体化设备。

（6）掌握气体脱硫、脱硝、除尘、除臭等的不同方法、工作原理，主体设备内部结构及特点以及技术性能指标等。

（7）掌握二氧化碳捕集处理的工艺原理、主体处理设备的内部结构及特点，了解技术性能指标等。

（8）了解机动车尾气、挥发性有机物 VOCs、垃圾填埋场臭气的危害和常见处理方法、特点等。

（9）掌握固体废物的定义及特点，了解城市垃圾分类、特点、垃圾收集和转运系统等。

（10）掌握垃圾填埋场、垃圾堆肥厂、垃圾焚烧厂以及垃圾渗滤液的特征、处理工艺，主要处理单元原理和内部结构，了解技术性能指标。

（11）了解危险废物的定义、特点以及常见处理工艺。

（12）掌握噪声的基本概念和特点，了解企业降噪设备（材料）的结构、特点、工作原理及技术性能指标。

（13）掌握水环境监测、大气环境监测、固体废物环境监测、土壤环境监测的内容、监测布点、采样等内容。

（14）掌握环境治理中常见转动设备、仪器、仪表的性能。

1.1　实　习　环　节

为了提高实习效果，根据生产单位实际情况和实习经费金额，可以采取多种多样的实习方式和环节，具体可以分为以下几种。

1.1.1　知识储备

在开展实习之前，由专业课教师铺垫专业基础知识和实习单位基本情况，学生通过自学和查阅资料等方式，储备好专业知识。

1.1.2　现场学习

（1）听取实习单位工程技术人员讲解，对实习单位总体概况、生产工艺流程、环保处理工艺、环保相关设施和设备、处理现状等有详细的了解。

（2）观看实习单位相关宣传片、技术影像资料等，并配合讲解。

（3）实习过程中，结合课程重点和难点以及实习单位的特色，结合技术报告，多次深入各部门（分场、分厂）、各实验室、各车间进行再次参观学习。

（4）实习过程中，鼓励学生结合理论知识，多观察、多发现问题，多提出问题，多思考，并向相关技术人员请教，以提高实习效果。

1.1.3 现场日记或笔记

实习笔记是检查实习情况的一个重要方面，也是学生撰写实习报告的重要依据。学生应将每天实习状况、所听报告内容认真记录，整理收集到的资料和图表，记录遇到的问题和技术人员解答的结果，并整理完成每天的实习日记。学生每天必须认真对待实习笔记，指导教师应随时督促检查。

1.1.4 撰写实习报告

实习结束，学生应写出书面报告，对实习进行全面总结，一般包括：

（1）实习的主要过程，包括实习时段、实习地点和单位以及实习期间听取的专题讲座或参观介绍。

（2）实习单位的主要生产概况，主要生产工艺，主要的环保相关设备和设施概况等。

（3）生产企业或者单位的主要污染物类型、污染物性质以及其处理和排放特性等。

（4）书面报告应包含实习的收获与感想，在实习过程中发现的问题和解决问题的方法，对实习工作的建议、意见、希望与改进措施等。

（5）针对听课和参观获取的技术信息与专业知识，在技术层面上总体陈述自己的收获和体会。

1.1.5 其他活动

在完成实习任务的同时，应充分利用业余时间，开展各种丰富多彩的社会活动，如：同实习单位的工程技术人员进行交流，组织开展座谈会、联欢会和球赛，同时从事一些有益的公益活动以及参观实习单位以外的有关单位；参观当地与生态保护相关的景观或历史古迹，提高人文素养等。

1.2 实习期间安全生产一般要求

进入各个实习单位期间，除必须严格遵守实习单位的安全规章守则外，一般实习学生进入一般环保性质的单位，例如污水处理厂、自来水厂、环保监测站等单位，还应注意如下要求：

（1）外出实习期间，注意遵守交通规则，以防发生交通事故。

（2）进入厂区，女同学不准穿裙子、高跟鞋，以防在攀梯上行走时造成扭伤或摔伤。

（3）在实习现场严禁同学间相互嬉戏，以防高空坠落、机械伤害等恶性事故，造成人员伤亡。

（4）在实习现场未经允许，严禁擅自进入任何废弃的设备和密闭空间，以防发生窒息、中毒死亡等事故。

（5）在实习现场，在没有可靠的安全保障的条件下，不准随便登高；要随时注意头顶的管道和脚下的阴沟与地槽。

（6）在实习现场如遇到突发性气体泄漏、爆炸、火灾等危险情况，应沉着冷静、尽快撤离现场避险。

在进入例如钢铁厂、石化企业、热电厂等生产性质的单位，还要注意以下安全事宜：

（1）进厂实习期间，按单位规定着装，必须佩戴安全帽；女同学的长发必须盘在头顶，以防头发被转动设备卷入，造成伤亡。

（2）在实习现场时，不要随便触摸裸露的管道与设备，以防烫伤或者冻伤等；更不要随便触动现场的阀门与按钮，以防发生紧急停车、物料放空等生产事故，造成重大经济损失或者环保事故。

（3）在标有危险标识的变（配）电室、油库、氧气、乙炔、气房以及气体危险品库等要害部门，非岗位人员未经批准严禁入内。

思 考 题

1-1　简述实习的目的和意义。

1-2　简述实习期间的注意事项。

1-3　简述认识实习的主要环节。

1-4　简述认识实习的重要性体现在哪些方面。

参 考 文 献

[1] 黄志安，张英华. 安全工程生产实习教程（矿冶类）[M]. 北京：科学出版社，2016.

[2] 李玉瑛，李冰，杨涛，等. 基于新工科的环境工程实习模式探索 [J]. 广东化工，2021，48（4）：226，225.

[3] 于英翠，马爱生，左亚杰，等. 环境工程专业就业现状及实习体系的构建 [J]. 高等农业教育，2019（4）：79-82.

[4] 张永利，曾飞，徐颂，等. 环境工程专业毕业实习体系的探索 [J]. 广州化工，2020，48（23）：217-218.

[5] 刘理臣，李小英，张明泉，等. 环境工程专业认识实习教学的思考 [J]. 中国现代教育装备，2019（23）：60-62.

2 我国环境质量状况概述

实习目的

　　本章为专业入门教育，是学习环境工程专业的基础。通过对学生进行专业入门教育，可以了解环境保护现状，构建环境现状、环境污染、环境治理、环境标准与环境效益关联体系。以《中国生态环境状况公报》为载体，着重介绍我国废水、废气、固废污染物类型、污染浓度、污染范围以及环境质量状况，旨在拓宽学生的知识面，增进学生对水环境、大气环境、土壤环境等的了解，加强学生对环境污染的量化认识。

实习内容

　　入门教育要求学生广泛而全面地了解环境整体状况，具体如下：

　　（1）了解我国环境保护现状，从质与量的角度分析我国环境保护取得的主要进展，加强学生对环境现状的量化认识。

　　（2）了解我国污染物排放情况，包括废水、废气、固废、城市生活排放的主要污染物情况，增进学生对污染排放的具体认识。

　　（3）了解我国水环境质量、大气环境质量、土壤环境质量、自然生态环境和声环境质量情况，提升学生宏观掌握知识的能力。

　　（4）了解我国现行的环境保护主要标准，明确环保工作者肩负的生态环境保护的重任。

2.1　我国污染物排放情况

　　2019年是新中国成立70周年，也是打好污染防治攻坚战、决胜全面建成小康社会的关键之年。各地区、各部门以习近平新时代中国特色社会主义思想为指导，深入贯彻党的十九大和十九届二中、三中、四中全会精神，全面落实习近平生态文明思想和全国生态环境保护大会要求，按照党中央、国务院决策部署，坚持以改善生态环境质量为核心，推动污染防治攻坚战取得关键进展。2019年，全国生态环境质量总体改善，环境空气质量改善成果进一步巩固，水环境质量持续改善，海洋环境状况稳中向好，土壤环境风险得到基本管控，生态系统格局整体稳定，核与辐射安全有效保障，环境风险态势保持稳定。

根据 2019 年和 2020 年《中国生态环境状况公报》、2016～2019 年《全国生态环境统计公报》可知如下内容。

2.1.1 废水中主要污染物

2016～2019 年，废水中化学需氧量排放量由 2016 年 658.1 万吨，下降为 2019 年 567.1 万吨，下降 13.8%；氨氮排放量由 2016 年 56.8 万吨，下降为 2019 年 46.3 万吨，下降 18.5%；总磷排放量由 2016 年 9.0 万吨，下降为 2019 年 5.9 万吨，下降 34.0%；重金属（铅、汞、镉、铬和类金属砷合计）排放量由 2016 年 167.8t，下降为 2019 年 120.7t，下降 28.0%；工业源废水中石油类、挥发酚、氰化物排放量由 2016 年 1.2 万吨、272.1t、57.9t，下降为 2019 年 0.6 万吨、147.1t、38.2t。

河 长 制

"河长制"，即由中国各级党政主要负责人担任"河长"，负责组织领导相应河湖的管理和保护工作。2016 年 12 月 13 日，中国水利部、环境保护部、发展改革委、财政部、国土资源部、住建部、交通运输部、农业部、卫计委、林业局等十部委在北京召开视频会议，部署全面推行河长制各项工作，确保如期实现到 2018 年年底前全面建立河长制的目标任务。强化落实"河长制"，从突击式治水向制度化治水转变。加强后续监管，完善考核机制；加快建章立制，促进"河长制"体系化；狠抓截污纳管，强化源头治理，堵疏结合，标本兼治。

"河长制"工作的主要任务包括六个方面。一是加强水资源保护，全面落实最严格水资源管理制度，严守"三条红线"；二是加强河湖水域岸线管理保护，严格水域、岸线等水生态空间管控，严禁侵占河道、围垦湖泊；三是加强水污染防治，统筹水上、岸上污染治理，排查入河湖污染源，优化入河排污口布局；四是加强水环境治理，保障饮用水水源安全，加大黑臭水体治理力度，实现河湖环境整洁优美、水清岸绿；五是加强水生态修复，依法划定河湖管理范围，强化山水林田湖系统治理；六是加强执法监管，严厉打击涉河湖违法行为。

全面推行河长制是落实绿色发展理念、推进生态文明建设的内在要求，是解决中国复杂水问题、维护河湖健康生命的有效举措，是完善水治理体系、保障国家水安全的制度创新。

2.1.2 废气中主要污染物

2016~2019 年，废气中二氧化硫排放量逐年下降，由 2016 年 854.9 万吨，下降为 2019 年 457.3 万吨，下降 46.5%。氮氧化物排放量由 2016 年 1503.3 万吨，下降为 2019 年 1233.9 万吨，下降 17.9%。颗粒物排放量由 2016 年 1608.0 万吨，下降为 2019 年 1088.5 万吨，下降 32.3%。

碳达峰、碳中和

为应对气候变化，我国提出"二氧化碳排放力争于 2030 年前达到峰值，努力争取 2060 年前实现碳中和"等庄严的目标承诺。在 2021 年政府工作报告中，"做好碳达峰、碳中和工作"被列为 2021 年重点任务之一；"十四五"规划也将加快推动绿色低碳发展列入其中。

具体来说，碳达峰是指我国承诺 2030 年前，二氧化碳的排放不再增长，达到峰值之后逐步降低。碳中和是指企业、团体或个人测算在一定时间内直接或间接产生的温室气体排放总量，然后通过植树造林、节能减排等形式，抵消自身产生的二氧化碳排放量，实现二氧化碳"零排放"。

(1) 为什么要提出碳中和？

气候变化是人类面临的全球性问题，随着各国二氧化碳排放，温室气体猛增，对生命系统形成威胁。在这一背景下，世界各国以全球协约的方式减排温室气体，我国由此提出碳达峰和碳中和目标。

(2) 实现碳中和，我们能干点啥？

碳中和目标的实现和我们每个个体都息息相关。例如，及时关闭电脑、随走关灯、打开一扇窗、自备购物袋、乘坐公共交通、种一棵树……从日常生活小事做起，为碳中和、碳减排贡献自己的力量。

2.1.3 工业固体废物

2016~2019 年，一般工业固体废物产生量逐年上升，由 2016 年 37.1 亿吨，上升为 2019 年 44.1 亿吨，上升 18.7%；一般工业固体废物综合利用量、处置量总体上升，2016 年分别为 21.1 亿吨、8.5 亿吨，2019 年分别为 23.2 亿吨、11.0 亿吨。工业危险废物产生量、综合利用处置量均逐年上升，由 2016 年 5219.5 万吨、4317.2 万吨，上升为 2019 年 8126.0 万吨、7539.3 万吨，分别上升 55.7%、74.6%。

"十三五"期间我国工业固废综合利用回顾

"十三五"期间，我国工业固废综合利用取得显著成效，据行业估算，2016~2019 年大宗工业固废综合利用量累计达到 69 亿吨；2019 年大宗工业固废综合利用量约 18 亿吨，产值约 1.2 万亿元，相关企业数量已超过 3 万家。

据介绍，工业固废是除建筑垃圾、农业固废、生活垃圾之外的重要固体废物，年产生量超过 30 亿吨，占我国全部固体废物产生量的 1/3 左右。集中产生于钢铁、有色、化工、煤电、采矿等重化工业，主要分布于京津冀、黄河流域、长江经济带等重点地区。目前，全国工业固废累计堆存量超过 600 亿吨，占地超过 200 万公顷，不仅占用大量土地，还对生态环境造成威胁。开展工业固废综合利用已成为提高资源利用率、缓解生态环境风险、促进生态文明建设的重要举措。

2.2　我国淡水环境质量状况

水环境是指自然界中水的形成、分布和转化所处空间的环境，是指围绕人群空间及可直接或间接影响人类生活和发展的水体，是其正常功能的各种自然因素和有关社会因素的总体。水环境也有的指相对稳定的、以陆地为边界的天然水域所处空间的环境。水环境主要由地表水环境和地下水环境两部分组成。地表水环境包括河流、湖泊、水库、海洋、池塘、沼泽、冰川等，地下水环境包括泉水、浅层地下水、深层地下水等。

水环境是构成环境的基本要素之一，是人类社会赖以生存和发展的重要场所，也是受人类干扰和破坏最严重的领域。水环境的污染和破坏已成为当今世界主要的环境问题之一。下面重点介绍我国的流域、湖泊水库、地下水、全国地级及以上城市集中式饮用水水源地等水环境质量状况。

2.2.1　河流

2020 年，长江、黄河、珠江、松花江、淮河、海河、辽河七大流域和浙闽片河流、西北诸河、西南诸河监测的 1614 个水质断面中，Ⅰ~Ⅲ类水质断面占 87.4%，比 2019 年上升 8.3 个百分点；劣Ⅴ类占 0.2%，比 2019 年下降 2.8 个百分点。主要污染指标为化学需氧量、高锰酸盐指数和 5 日生化需氧量。

2.2.2　湖泊（水库）

2020 年，开展水质监测的 112 个重要湖泊（水库）中，Ⅰ~Ⅲ类湖泊（水库）占 76.8%，比 2019 年上升 7.7 个百分点；劣Ⅴ类占 5.4%，比 2019 年下降

1.9 个百分点。主要污染指标为总磷、化学需氧量和高锰酸盐指数。

开展营养状态监测的 110 个重要湖泊（水库）中，贫营养状态湖泊（水库）占 9.1%，中营养状态占 61.8%，轻度富营养状态占 23.6%，中度富营养状态占 4.5%，重度富营养状态占 0.9%。

2.2.3 地下水

2020 年，全国 10171 个国家级地下水水质监测点（平原盆地、岩溶山区、丘陵山区基岩地下水监测点分别为 7923 个、910 个、1338 个）中，Ⅰ～Ⅲ类水质监测点占 13.6%，Ⅳ类占 66.8%，Ⅴ类占 17.6%。水利部门 10242 个地下水水质监测点（以浅层地下水为主）中，Ⅰ～Ⅲ类水质监测点占 22.7%，Ⅳ类占 33.7%，Ⅴ类占 43.6%。主要超标指标为锰、总硬度和溶解性总固体。

2.2.4 全国地级及以上城市集中式生活饮用水水源

2020 年，监测的 902 个地级及以上城市在用集中式生活饮用水水源断面（点位）中，853 个全年均达标，占 94.5%。其中地表水水源监测断面（点位）598 个，584 个全年均达标，占 97.7%，主要超标指标为硫酸盐、高锰酸盐指数和总磷；地下水水源监测点位 304 个，268 个全年均达标，占 88.2%，主要超标指标为锰、铁和氨氮，锰和铁主要是由天然背景值较高所致。

2.2.5 内陆渔业水域

2020 年，江河重要渔业水域主要超标指标为总氮和总磷。与 2019 年相比，总氮、石油类和非离子氨超标面积比例有所上升，总磷、高锰酸盐指数、挥发性酚和铜超标面积比例有所下降。湖泊（水库）重要渔业水域主要超标指标为总氮、总磷和高锰酸盐指数。与 2019 年相比，总氮、挥发性酚和铜超标面积比例有所上升，总磷、高锰酸盐指数和石油类面积比例有所下降。40 个国家级水产种质资源保护区（内陆）水体中主要超标指标为总氮。

2.3 我国海洋环境质量状况

2.3.1 管辖海域

2020 年，一类水质海域面积占管辖海域面积的 96.8%，与 2019 年基本持平；劣四类水质海域面积为 30070km^2，比 2019 年增加 1730km^2。主要污染指标为无机氮和活性磷酸盐。

2.3.2 近岸海域

2020年，全国近岸海域水质总体稳中向好，优良（一、二类）水质海域面积比例为77.4%，比2019年上升0.8个百分点；劣四类为9.4%，比2019年下降2.3个百分点。

2.3.3 海洋渔业水域

2020年，海洋重要渔业资源的产卵场、索饵场、洄游通道及水生生物自然保护区水体中主要超标指标为无机氮和活性磷酸盐。与2019年相比，无机氮、活性磷酸盐和石油类超标面积比例有所上升，化学需氧量超标面积比例有所下降。海水重点增养殖区水体中主要超标指标为无机氮。与2019年相比，石油类超标面积比例有所上升，无机氮、活性磷酸盐和化学需氧量超标面积比例有所下降。7个国家级水产种质资源保护区（海洋）水体中主要超标指标为无机氮。26个海洋重要渔业水域沉积物状况良好。

水污染防治行动计划（水十条）

当前，我国一些地区水环境质量差、水生态受损重、环境隐患多等问题十分突出，影响和损害群众健康，不利于经济社会持续发展。为切实加大水污染防治力度，保障国家水安全，国家于2015年4月出台水污染防治行动计划。具体措施如下：

（1）全面控制污染物排放。狠抓工业污染防治，强化城镇生活污染治理，推进农业农村污染防治，加强船舶港口污染控制。

（2）推动经济结构转型升级。调整产业结构，优化空间布局，推进循环发展。

（3）着力节约保护水资源。控制用水总量，提高用水效率，科学保护水资源。

（4）强化科技支撑。推广示范适用技术，攻关研发前瞻技术，大力发展环保产业。

（5）充分发挥市场机制作用。理顺价格税费，促进多元融资，建立激励机制。

（6）严格环境执法监管。完善法规标准，加大执法力度，提升监管水平。

（7）切实加强水环境管理。强化环境质量目标管理，深化污染物排放总量控制，严格环境风险控制，全面推行排污许可。

（8）全力保障水生态环境安全。保障饮用水水源安全，深化重点流域污染防治，加强近岸海域环境保护，整治城市黑臭水体，保护水和湿地生态系统。

（9）明确和落实各方责任。强化地方政府水环境保护责任，加强部门协调联动，落实排污单位主体责任，严格目标任务考核。

（10）强化公众参与和社会监督。依法公开环境信息，加强社会监督，构建全民行动格局。

2.4 我国大气环境质量状况

2020 年，全国 337 个地级及以上城市（以下简称 337 个城市）中，202 个城市环境空气质量达标，占全部城市数的 59.9%；135 个城市环境空气质量超标，占 40.1%。465 个监测降水的城市（区、县）酸雨频率平均为 10.3%。

2.4.1 空气质量

2020 年，337 个城市平均优良天数比例为 87.0%，其中，17 个城市优良天数比例为 100%、243 个城市优良天数比例在 80%~100% 之间、74 个城市优良天数比例在 50%~80% 之间、3 个城市优良天数比例低于 50%；平均超标天数比例为 13.0%，以 $PM_{2.5}$、O_3、PM_{10}、NO_2 和 SO_2 为首要污染物的超标天数分别占总超标天数的 51.0%、37.1%、11.7%、0.5% 和不足 0.1%，未出现以 CO 为首要污染物的超标天。

2020 年，337 个城市累计发生严重污染 345d，比 2019 年减少 107d；重度污染 1152d，比 2019 年减少 514d。以 $PM_{2.5}$、PM_{10} 和 O_3 为首要污染物的天数分别占重度及以上污染天数的 77.7%、22.0% 和 1.5%，未出现以 SO_2、NO_2 和 CO 为首要污染物的重度及以上污染。

2020 年，6 项污染物 $PM_{2.5}$、PM_{10}、O_3、SO_2、NO_2 和 CO 浓度分别为 $33\mu g/m^3$、$56\mu g/m^3$、$138\mu g/m^3$、$10\mu g/m^3$、$24\mu g/m^3$ 和 $1.3mg/m^3$，与 2019 年相比，6 项污染物浓度均下降。若不扣除沙尘影响，$PM_{2.5}$ 和 PM_{10} 平均浓度分别为 $33\mu g/m^3$ 和 $59\mu g/m^3$，分别比 2019 年下降 10.8% 和 11.9%。

2020 年，6 项污染物 $PM_{2.5}$、O_3、PM_{10}、NO_2、SO_2 和 CO 超标天数比例分别为 6.8%、4.9%、2.6%、0.4%、不足 0.1% 和不足 0.1%。与 2019 年相比，SO_2 和 CO 超标天数比例持平，其他 4 项污染物超标天数比例均下降。

2.4.2 酸雨

2020 年，酸雨区面积约 46.6 万平方千米，占国土面积的 4.8%，比 2019 年下降 0.2 个百分点，其中较重酸雨区面积占国土面积的 0.4%。465 个监测降水的城市（区、县）酸雨频率平均为 10.3%，比 2019 年下降 0.1 个百分点。出现酸雨的城市比例为 34.0%，比 2019 年上升 0.7 个百分点；酸雨频率在 25% 及以上、50% 及以上和 75% 及以上的城市比例分别为 16.3%、7.5% 和 2.8%。

大气污染防治行动计划（气十条）

2013 年 6 月 14 日，国务院召开常务会议，确定了大气污染防治十条措施，包括减少污染物排放；严控高耗能、高污染行业新增耗能；大力推行清洁生产；加快调整能源结构；强化节能环保指标约束；推行激励与约束并举的节能减排新机制，加大排污费征收力度，加大对大气污染防治的信贷支持等，具体措施如下：

（1）减少污染物排放。全面整治燃煤小锅炉，加快重点行业脱硫脱硝除尘改造。整治城市扬尘。提升燃油品质，限期淘汰黄标车。

（2）严控高耗能、高污染行业新增产能，提前一年完成钢铁、水泥、电解铝、平板玻璃等重点行业"十二五"落后产能淘汰任务。

（3）大力推行清洁生产，重点行业主要大气污染物排放强度到 2017 年年底下降 30% 以上。大力发展公共交通。

（4）加快调整能源结构，加大天然气、煤制甲烷等清洁能源供应。

（5）强化节能环保指标约束，对未通过能评、环评的项目，不得批准开工建设，不得提供土地，不得提供贷款支持，不得供电供水。

（6）推行激励与约束并举的节能减排新机制，加大排污费征收力度。加大对大气污染防治的信贷支持。加强国际合作，大力培育环保、新能源产业。

（7）用法律、标准"倒逼"产业转型升级。制定、修订重点行业排放标准，建议修订大气污染防治法等法律。强制公开重污染行业企业环境信息。公布重点城市空气质量排名。加大违法行为处罚力度。

（8）建立环渤海包括京津冀、长三角、珠三角等区域联防联控机制，加强人口密集地区和重点大城市 $PM_{2.5}$ 治理，构建对各省（区、市）的大气环境整治目标责任考核体系。

（9）将重污染天气纳入地方政府突发事件应急管理，根据污染等级及时采取重污染企业限产限排、机动车限行等措施。

（10）树立全社会"同呼吸、共奋斗"的行为准则，地方政府对当地空气质量负总责，落实企业治污主体责任，国务院有关部门协调联动，倡导节约、绿色消费方式和生活习惯，动员全民参与环境保护和监督。

2.5 我国土壤环境质量状况

2.5.1 土地环境质量

农用地土壤污染状况详查结果显示，全国农用地土壤环境状况总体稳定，影响农用地土壤环境质量的主要污染物是重金属，其中镉为首要污染物。

2.5.2 水土流失

根据 2019 年水土流失动态监测成果，全国水土流失面积为 271.08 万平方千米，与 2018 年相比，减少 2.61 万平方千米。按侵蚀强度分，轻度、中度、强烈、极强烈和剧烈侵蚀面积分别占全国水土流失总面积的 62.92%、17.10%、7.55%、5.89% 和 6.54%。

2.5.3 耕地质量

截至 2019 年年底，全国耕地质量平均等级为 4.76 等。其中，一至三等耕地面积为 6.32 亿亩，占耕地总面积的 31.24%；四至六等为 9.47 亿亩，占46.81%；七至十等为 4.44 亿亩，占 21.95%。

2.5.4 荒漠化和沙化

根据第五次全国荒漠化和沙化监测结果，全国荒漠化土地面积为 261.16 万平方千米，沙化土地面积为 172.12 万平方千米。根据岩溶地区第三次石漠化监测结果，全国岩溶地区现有石漠化土地面积 10.07 万平方千米。

土壤污染防治行动计划（土十条）

土壤是经济社会可持续发展的物质基础，关系人民群众身体健康。当前，我国土壤环境总体状况堪忧，部分地区污染较为严重，已成为全面建成小康社会的突出短板之一。为切实加强土壤污染防治，逐步改善土壤环境质量，国家于 2015 年 8 月出台本行动计划。具体措施如下：

（1）开展土壤污染调查，掌握土壤环境质量状况。深入开展土壤环境质量调查，建设土壤环境质量监测网络，提升土壤环境信息化管理水平。

（2）推进土壤污染防治立法，建立健全法规标准体系。加快推进立法进程，系统构建标准体系，全面强化监管执法。

（3）实施农用地分类管理，保障农业生产环境安全。划定农用地土壤环境质量类别，切实加大保护力度，着力推进安全利用，全面落实严格管控，加强林地草地园地土壤环境管理。

（4）实施建设用地准入管理，防范人居环境风险。明确管理要求，落实监管责任，严格用地准入。

（5）强化未污染土壤保护，严控新增土壤污染。加强未利用地环境管理，防范建设用地新增污染，强化空间布局管控。

（6）加强污染源监管，做好土壤污染预防工作。严控工矿污染，控制农业污染，减少生活污染。

（7）开展污染治理与修复，改善区域土壤环境质量。明确治理与修复主体，制定治理与修复规划，有序开展治理与修复，监督目标任务落实。

（8）加大科技研发力度，推动环境保护产业发展。加强土壤污染防治研究，加大实用技术推广力度，推动治理与修复产业发展。

（9）发挥政府主导作用，构建土壤环境治理体系。强化政府主导，发挥市场作用，加强社会监督，开展宣传教育。

（10）加强目标考核，严格责任追究。明确地方政府主体责任，加强部门协调联动，落实企业责任，严格评估考核。

2.6　自然生态环境质量

2.6.1　生态质量

2020年，全国生态环境状况指数（EI）值为51.7，生态质量一般，与2019年相比无明显变化。生态质量优和良的县域面积占国土面积的46.6%，主要分布在青藏高原以东、秦岭—淮河以南、东北的大小兴安岭地区和长白山地区；一般的县域面积占22.2%，主要分布在华北平原、黄淮海平原、东北平原中西部和内蒙古中部；较差和差的县域面积占31.3%，主要分布在内蒙古西部、甘肃中西部、西藏西部和新疆大部。

2020年与2018年相比，810个开展生态环境动态变化评价的国家重点生态功能区县域中，生态环境变好的县域占22.7%，基本稳定的占71.7%，变差的占5.6%。

2.6.2　生物多样性

2.6.2.1　生态系统多样性

中国具有地球陆地生态系统的各种类型，其中森林212类、竹林36类、灌丛113类、草甸77类、草原55类、荒漠52类、自然湿地30类；有红树林、珊瑚礁、海草床、海岛、海湾、河口和上升流等多种类型的海洋生态系统；有农田、人工林、人工湿地、人工草地和城市等人工生态系统。

2.6.2.2 物种多样性

中国已知物种及种下单元数 12.23 万余种。其中，列入国家重点保护野生动物名录的珍稀濒危陆生野生动物 406 种，大熊猫、金丝猴、藏羚羊、褐马鸡、扬子鳄等数百种动物为中国所特有。列入国家重点保护野生动物名录的珍稀濒危动物 302 种（类），长江江豚、扬子鳄等为中国所特有。列入国家重点保护野生植物名录的珍贵濒危植物 8 类 246 种。

同时中国还有具有遗传资源多样性。

2.6.3 受威胁物种

在评估的 3.4 万余种高等植物中，需要重点关注和保护的高等植物有 1.0 万余种。同时对已知的 4357 种脊椎动物（除海洋鱼类）的评估结果显示，需要重点关注和保护的脊椎动物有 2471 种，对 9302 种已知大型真菌的评估结果显示，需要重点关注和保护的大型真菌 6538 种。

2.6.4 自然保护地

截至 2020 年全国已建立国家级自然保护区 474 处，总面积约为 98.34 万平方千米。国家级风景名胜区 244 处，总面积约为 10.66 万平方千米。国家地质公园 281 处，总面积约为 4.63 万平方千米。国家海洋公园 67 处，总面积约为 0.737 万平方千米。共有东北虎豹、祁连山、大熊猫、三江源、海南热带雨林、武夷山、神农架、普达措、钱江源和南山等 10 个国家公园体制试点区，总面积超过 22 万平方千米，约占陆域国土面积的 2.3%。

基于遥感监测发现，2020 年上半年和下半年，国家级自然保护区新增或规模扩大的采矿采砂、工矿企业、旅游设施和水电设施四类重点问题线索分别为 162 处和 229 处，总面积分别为 0.94km^2 和 1.42km^2。

2.6.5 森林

根据第九次全国森林资源清查（2014~2018 年）结果，全国森林面积为 2.2 亿公顷，森林覆盖率为 22.96%，森林蓄积量为 175.6 亿立方米。

2.6.6 草原

全国草原面积近 4 亿公顷，约占国土面积的 41.7%，是全国面积最大的陆地生态系统和生态屏障。内蒙古、四川、西藏、甘肃、青海和新疆六大牧区草原面积 2.93 亿公顷，约占全国草原面积的 3/4。南方地区草原以草山草坡为主，大多分布在山地和丘陵，面积约 0.67 亿公顷。

绿水青山就是金山银山

2005年8月15日，时任浙江省委书记的习近平同志在安吉县余村考察时首次提出："我们过去讲，既要绿水青山，也要金山银山。其实，绿水青山就是金山银山。"在2018年5月18日召开的全国生态环境保护大会上，习近平总书记进一步指出："绿水青山就是金山银山，阐述了经济发展和生态环境保护的关系，揭示了保护生态环境就是保护生产力、改善生态环境就是发展生产力的道理，指明了实现发展和保护协同共生的新路径"。"绿水青山就是金山银山"内涵丰富、思想深刻、生动形象、意境深远，是习近平总书记生态文明思想的标志性观点和代表性论断。

"绿水青山就是金山银山"指明了经济发展与生态环境保护协调发展的方法论。习近平总书记曾提出对绿水青山和金山银山之间关系认识的三个阶段。对三个阶段的认识，反映了发展的价值取向从经济优先，到经济发展与生态保护并重，再到生态价值优先、生态环境保护成为经济发展内在变量的变化轨迹。保护生态环境不是不要发展，而是要更好地发展。生态环境越好，对生产要素的集聚力就越强，就能推动经济社会又好又快发展。"绿水青山就是金山银山"立足我国国情，把握未来趋势，既深刻揭示了在相当长一段时间里，解放和发展生产力仍是社会主义初级阶段的首要任务；又深刻回答了如何正确处理好经济发展与生态环境保护的关系，为加快推动绿色发展提供了方法论指导和路径化对策。

"绿水青山就是金山银山"体现了对自然规律的准确把握。习近平总书记指出："人类发展活动必须尊重自然、顺应自然、保护自然，否则就会遭到大自然的报复。"在人类发展史上，特别是工业化进程中，曾发生过大量破坏自然资源和生态环境的事件，酿成惨痛教训。20世纪发生的"世界八大公害事件"，如洛杉矶光化学烟雾事件、伦敦烟雾事件、日本水俣病事件等，对生态环境和公众生活造成巨大影响。生态环境没有替代品，用之不觉，失之难存。没有绿水青山，何谈金山银山？人类可以通过社会实践活动有目的地利用自然、改造自然，但不能凌驾于自然之上，对自然界不能只讲索取不讲投入、只讲利用不讲建设。"绿水青山就是金山银山"理论的提出，继承和发展了马克思主义生态观，蕴含和弘扬了天人合一、道法自然的中华民族传统智慧，开辟了处理人与自然关系的新境界。

2.7 声 环 境

2.7.1 区域声环境

2020 年，开展昼间区域声环境监测的 324 个地级及以上城市平均等效声级为 54.0dB，相较于 2019 年下降了 0.3%。14 个城市昼间区域声环境质量为一级，占 4.3%，相较于 2019 年增加了 6 个城市；215 个城市为二级，占 66.4%；93 个城市为三级，占 28.7%；2 个城市为四级，占 0.6%；无五级城市。

2.7.2 道路交通声环境

2020 年，开展昼间道路交通声环境监测的 324 个地级及以上城市平均等效声级为 66.6dB，相较于 2019 下降 0.2dB。227 个城市昼间道路交通声环境质量为一级，占 70.1%；83 个城市为二级，占 25.6%；13 个城市为三级，占 4.0%；1 个城市为四级，占 0.3%；无五级城市。

2.7.3 城市功能区声环境

2020 年，开展功能区声环境监测的 311 个地级及以上城市各类功能区昼间达标率为 94.6%，相较于 2019 年上升了 2.2%；夜间达标率为 80.1%，相较于 2019 年上升了 5.7%。

---------------------------- **噪声的危害** ----------------------------

世界卫生组织说，噪声污染不但能够影响人的听力，而且能够导致高血压、心脏病、记忆力衰退、注意力不集中及其他精神综合征。

研究表明，噪声超过 50dB 时，便会影响正常的生活；70dB 以上时，可导致心烦意乱、精神不集中；长期接触 85dB 以上的噪声，会使听力减退。噪声除了影响听力，还会使人的神经、肠胃、心血管、内分泌及生殖系统受到损伤，进而导致一些久治不愈的疾病，例如睡眠不安、多梦、头昏、头痛、神经衰弱、脉搏加快、血压升高、呼吸急促、胃酸降低、胃分泌减少、血液胆固醇含量增高等。大于 100dB 的噪声就会使耳朵发胀、疼痛。试验表明，超过 115dB，大脑皮层的功能便严重衰退；达到 165dB，动物死亡；超过 175dB，人也会丧命。

载重汽车、公共汽车等重型车辆的噪声在 89~92dB，轿车、吉普车等轻型车辆噪声有 82~85dB（以上声级均为距车 7.5m 处测量）。汽车速度与噪声大小也有较大关系，车速越快，噪声越大，车速提高 1 倍，噪声增加 6~10dB。

汽车噪声主要来自汽车排气噪声。若不加消声器，噪声可达 100dB 以上。在排气系统中加上消声器，可使汽车排气噪声降低 20~30dB。在引擎方面，以汽油引擎代替柴油引擎，可以降低引擎噪声 6~8dB。

思 考 题

2-1　参考近几年的《中国生态环境状况公告》和《全国生态环境统计公报》，概括总结我国污染物排放情况，并描述水环境质量、大气环境质量、土壤环境质量等状况。

2-2　阅读《水污染防治行动计划》《大气污染防治行动计划》以及《土壤污染防治行动计划》全文，简述出台这些计划的背景、需要达到的效果以及为达到此效果所采取的具体措施。

2-3　未来要实现碳中和，可以采取哪些措施？

2-4　谈谈你对环境保护和可持续发展的认识。

2-5　如何理解"绿水青山就是金山银山"这一金句？

参 考 文 献

[1] 生态环境部. 2020 中国生态环境状况公报 [R]. 2020.

[2] 生态环境部. 2019 中国生态环境状况公报 [R]. 2019.

[3] 梁佩韵. "绿水青山就是金山银山"有哪些丰富内涵? [N]. 中国环境报, 2019-03-28(3).

[4] 生态环境部. 2016~2019 年全国生态环境统计公报 [R]. 2019.

[5] 王志芳. 现阶段我国水环境质量管理措施分析 [J]. 水利技术监督, 2021（1）：41-43, 55.

[6] 朱玫. 论河长制的发展实践与推进 [J]. 环境保护, 2017, 45(Z1)：58-61.

3 污水处理与再生水处理

实习目的

进行污水处理厂实地考察，是增进学生理论与实践相结合的重要枢纽。通过到各个污水处理厂实习，了解各个构筑物的外观尺寸、结构功能特点，可增进学生的整体认识。听取污水处理厂专业人士的讲解，了解各个构筑物的适用条件、分类、处理原理以及处理效果等，掌握各种污水处理流程以及各种工艺的优化组合，对所学知识加深印象。

进行污水处理厂实习，在增进基础知识牢固性的基础上，拓展学生的思维，培养学生独立思考、解决实际问题的能力，促使学生运用所学知识提出改进性的措施。

实习内容

（1）了解我国污水处理基本情况，并进行归纳总结。

（2）掌握典型污水处理工艺流程、工艺原理、处理污水适用范围，以及以此为基础的组合工艺和具体应用。

（3）了解基本构筑物的外观尺寸、功能特点、处理效果、适用范围以及分级分类等。

（4）了解污水处理厂各处理单元采用的先进处理方法，进行方法对比，掌握不同处理方法的优缺点。

（5）掌握污水处理厂污泥的处理与处置方法，并了解各自的适用情况。

3.1 污水处理厂概述

从污染源排出的污（废）水，因含污染物总量或浓度较高，达不到排放标准要求或不符合环境容量要求，从而降低水环境质量和功能目标，因此必须经过人工强化处理的场所，这种场所称为污水处理厂（站）。污水处理厂（站）一般分为城市集中污水处理厂和各污染源分散污水处理厂，处理后排入水体或城市管道。有时为了回收或循环利用废水资源，需要提高处理后出水水质时，则需建设污水回用或循环利用污水处理厂。

处理厂的处理工艺流程是由各种常用的或特殊的水处理方法优化组合而成的，包括各种物理法、化学法和生物法，要求技术先进、经济合理、费用最省。设计时必须贯彻当前国家的各项建设方针和政策。因此，从处理深度上，污水处理厂可能是一级、二级、三级或深度处理。污水处理厂设计包括对各种不同处理构筑物，附属建筑物，管道的平面和高程的设计，并进行道路、绿化、管道综合、厂区给排水、污泥处置及处理系统、管理自动化等设计，以保证污水处理厂达到处理效果稳定、满足设计要求、运行管理方便、技术先进、投资运行费用省等各种要求。

3.2   我国污水处理情况

我国污水处理产业发展进步较晚，新中国成立以来到改革开放前，我国污水处理的需求主要是以工业和国防尖端使用为主。改革开放后，国民经济的快速发展，人民生活水平的显著提高，拉动了污水处理的需求。进入 20 世纪 90 年代后，我国污水处理产业进入快速发展期，1984 年，中国第一座大型城市污水处理厂在天津建成并投入运行。此后几十年来，中国城市污水处理事业快速发展，取得了巨大成就。

根据国家环境保护部统计，2013~2016 年，全国废水排放总量保持较快增长趋势。2016 年全国废水排放总量达到 711.1 亿吨。

依据《2020 年城乡建设统计年鉴》，截至 2020 年年底，全国排水管道总长度约为 80 万公里，全国废水排放总量达到 571.4 亿立方米/a，全国城市污水处理厂 2618 座，全国城市污水处理厂处理能力为 1.93 亿立方米/d，污水处理总量为 557.3 亿立方米/a，污水处理率为 97.53%。2020 年全国干污泥产生量为 1162.77 万吨，干污泥处置量为 1116.02 万吨。全国地级及以上城市建成区黑臭水体消除比例达 98.2%。

2021 年 6 月，国家发展改革委、住房城乡建设部联合印发《"十四五"城镇污水处理及资源化利用发展规划》。《规划》指出，"十四五"期间新增和改造污水收集管网 8000 公里，城市生活污水集中收集力力争达到 70% 以上。新增污水处理能力 2000 万立方米/d，县城污水处理率达到 95% 以上，水环境敏感地区污水处理基本达到一级 A 排放标准。新建、改建和扩建再生水生产能力不小于 1500 万立方米/d，地级及以上缺水城市再生水利用率达到 25% 以上，京津冀地区达到 35% 以上。新增污泥无害化处理设施规模不少于 2000t/d，城市污泥无害化处置率达到 90% 以上。

3.3 城市排水管网系统

为了系统地排出和处置各种废水而建设的一整套工程设施称为排水系统。排水系统主要有合流制和分流制两种系统。

合流制排水系统是将生活污水、工业废水和雨水混合在同一管渠内收集、输送的系统。分流制排水系统是将污水和雨水分别在两套或两套以上各自独立的管渠内排出的系统。收集、输送生活污水、工业废水或城市污水的系统称污水排水系统；收集、输送雨水的系统称雨水排水系统。

北京中心城区污水处理厂及管网收集系统

近年来，北京的排水设施建设飞速发展，城市平均每年新建一座污水处理厂和一百余公里污水干线。北京排水集团管理和运行北京市中心城区排水设施，现运营北京中心城区排水管网 9000km、雨污水泵站 109 座，组织建设了先进的排水管网地理信息系统和防汛调度指挥系统，全面疏通了长期淤堵管线，组织实施了大规模的管网和泵站升级改造工程，建设了地下蓄水设施，建立和强化了专业应急抢险力量，使北京中心城区防汛保障和应急抢险能力以及排水设施系统化、专业化运营管理水平有了大幅度提升。

北京排水集团先后在北京城区建成高碑店、酒仙桥、北小河、清河、方庄、小红门、卢沟桥、吴家村等 12 座污水处理厂和再生水厂，水处理能力为417 万立方米/d。

按照北京市政府规划和"三年行动方案"要求，排水集团全力实施污水处理厂提标改造和新建项目。将现状污水处理全部升级改造为再生水厂、改造后处理厂出水达到地表Ⅳ类标准，截至 2021 年年初市中心城区再生水厂有清河再生水厂、酒仙桥再生水厂、北小河再生水厂、卢沟桥再生水厂、吴家村再生水厂、定福庄再生水厂、高安屯再生水厂、清河第二再生水厂、槐房再生水厂，生产供应能力达到 413 万立方米/d，广泛应用到了城市河湖补水、景观用水、工业冷却以及市政用水等领域，成为城市第二水源，在首都生态环境建设中发挥了重要作用。

(1) 高碑店污水处理厂。

采用传统的活性污泥法进行处理，处理能力为 100 万立方米/d。汇集北京市南部地区的大部分生活污水、东郊工业区、使馆区和化工路的全部污水，服务人口 240 万人，占地 $68hm^2$，北京市每天产生污水 250 多万吨，近一半的污水在这里进行处理。

(2) 酒仙桥污水处理厂。

位于北京市东北部，服务面积86km^2，总设计规模为处理污水35万立方米/d，酒仙桥污水处理厂主要处理东北郊地区、酒仙桥地区、望京新区及正在开发中的电子城等地区直接入河的污水。

(3) 北小河污水处理厂。

占地面积6万平方米，服务面积30km^2，总投资4700多万元人民币，担负着亚运村及北苑一带的工业废水和生活污水的处理及治理北小河下游河道的任务。

(4) 清河污水处理厂。

位于北京市城区北面的清河镇东，西距德昌公路1.7km，南距清河1.4km。清河污水处理厂主要解决清河流域排放的生活污水，一期采用倒置A^2/O，二期采用A^2/O处理工艺，处理能力为55万立方米/d。

(5) 方庄污水处理厂。

位于北京南郊左安门外，东南三环以南，成寿寺路以东，在方庄小区的东南部，主要处理来自方庄住宅区的全部生活污水，占地4.92hm^2，服务面积147.6hm^2，服务人口10万人，方庄污水处理厂设计规模为日处理4万吨。

(6) 小红门污水处理厂。

共辖设3个污水处理厂，分别为小红门厂、吴家村厂和次渠厂，主要担负着北京市西部、西南部和南部5个城区和1个工业区的污水处理任务，总服务面积约242km^2，服务人口300余万人，采用A^2/O处理工艺，处理能力为60万立方米/d。

3.4　城市污水预处理、一级处理常见处理技术

污水预处理是污水进入传统的沉淀、生物等处理之前，根据后续处理流程对水质的要求而设置的预处理设施，是污水处理厂的咽喉。对于城市污水集中处理厂和污染源内分散污水处理厂，预处理主要包括格栅、筛网、沉砂池、砂水分离器等处理设施。而对于某些工业废水在进入集中或分散污水处理厂前，除了需要进行上述一般的预处理外，还需进行水质水量的调节处理和其他一些特殊的预处理，例如酸碱中和、捞毛、预沉、预曝气等。

污水一级处理是指去除污水中的漂浮物及悬浮状态的污染物质，调节 pH

值，减轻污水的腐化程度和后处理工艺负荷的处理方法，一般作为污水处理的预处理手段。一级处理是二级生物处理的预处理过程，只有一级处理出水水质符合要求，才能保证二级生物处理运行平稳，进而确保二级出水水质达标。针对不同污水中存在的不同污染物，应实施与之相对应的一级处理工艺，常见的有沉淀池、气浮池、隔油池等。

3.4.1 格栅

格栅（图 3-1）是由一组或数组平行的金属栅条、塑料齿钩或金属筛网、框架及相关装置组成，倾斜安置在污水渠道、泵房集水井的进水口处或污水处理厂的前端，用来截留污水中较粗大漂浮物和悬浮物，如纤维、碎皮、毛发、果皮、蔬菜、布条、塑料制品等，防止阻塞和缠绕水泵机组、曝气管、管道阀门、处理构筑物配水设施、进出水口，减少后续产生的浮渣，保证污水处理设施的正常运行。其类型按间距可分为粗格栅、中格栅、细格栅，栅条形状有圆形、矩形、方形等。其中圆形栅条的阻力小，矩形栅条因其刚度好而常被采用。

图 3-1 格栅

3.4.1.1 粗格栅

栅条间距为 50~150mm，是设于泵前的第一道格栅，以拦截粗大的悬浮物，使水泵不受损害。在实际操作中，存在许多大型的悬浮物，尤其是合流制的污水处理系统，粗格栅的设计必须有足够的强度和刚度，以免造成弯曲。

3.4.1.2 中格栅

栅条间距为 10~50mm，用于垃圾较少的合流或分流制系统的水泵前，以拦截漂浮物，保护水泵不受损害。

3.4.1.3 细格栅

栅条间距为 1.5~10mm，处理来水中大量的小型漂浮物，极易通过上述的两种格栅流到处理构筑物，并漂浮在水面，影响曝气系统的正常运行。细格栅的作用是进一步拦截细小的漂浮物，设在泵前粗格栅后或泵提升后的沉砂池前。

污水在栅前渠道内的流速一般控制在 0.4~0.8m/s，经过格栅的流速一般控制在 0.6~1.0m/s。若过栅流速太大，将把本应拦截下来的软性栅渣冲走，降低格栅的工作效率；若过栅流速太小，污水中粒径较大的砂粒将有可能在栅前渠道内沉积。

3.4.2　沉砂池

污水中的无机颗粒不仅会磨损设备和管道，降低活性污泥的活性，而且会板积在反应池底部，减小反应器的有效容积，甚至在脱水时扎破滤带损坏脱水设备。沉砂池的设置目的就是去除污水中泥沙、煤渣等相对密度较大的无机颗粒，以免影响后续构筑物的正常运行。

沉砂池的工作原理是以重力分离或离心力分离为基础，即控制进入沉砂池的污水流速或旋流速度，使相对密度大的无机颗粒下沉，而有机悬浮颗粒则随水流带走。常用的沉砂池形式有平流式沉砂池、曝气沉砂池、旋流沉砂池等。

3.4.2.1　平流式沉砂池

平流式沉砂池结构简单，截留效果好，是沉砂池中常用的一种。沉砂池的主体部分，实际是一个加宽、加深了的明渠，由入流渠、沉砂区、出流渠、沉砂斗等部分组成，两端设有闸板以控制水流。在池底设置 1~2 个储砂斗，下接排沙管，利用重力排砂，也可用射流泵或螺旋泵排砂。为保证沉砂池有很好的沉砂性能，又使密度较小的有机悬浮颗粒不被截留，一般设计流速为 0.15~0.3m/s，停留时间应大于 30s。但可能会使一部分的有机悬浮物在池中沉积，或有机物附着在砂粒表面随其沉积，使沉砂易腐化发臭。

3.4.2.2　曝气沉砂池

曝气沉砂池是一长形渠道，沿渠壁一侧的整个长度方向，距池底 60~90cm 处安设曝气装置，在其下部设集砂斗，池底有 $i=0.1~0.5$ 的坡度，以保证砂粒滑入。由于曝气作用，废水中有机颗粒经常处于悬浮状态，砂粒互相摩擦并承受曝气的剪切力，砂粒上附着的有机污染物能够去除，有利于取得较为纯净的砂粒。在池内整个水流是以螺旋状的形式前进的，在旋流的离心力作用下，这些密度较大的砂粒被甩向外部沉入集砂槽，而密度较小的有机物随水流向前流动被带到下一处理单元。由于旋流主要是由鼓入的空气所形成的，不是依赖水流的作用，因而曝气沉砂池比其他沉砂池抗冲击负荷能力强，沉砂效果稳定可靠。

另外，在水中曝气可脱臭，改善水质，有利于后续处理，还可起到预曝气作用。普通沉砂池截留的沉砂中夹杂有 15% 的有机物，使沉砂的后续处理难度增加，而采用曝气沉砂池，可在一定程度上克服此缺点。某污水处理厂曝气沉砂池实物图如图3-4所示。

3.4.2.3 旋流沉砂池

旋流沉砂池是利用机械力控制水流流态与流速、加速砂粒的沉淀并使有机物随水流带走的沉砂装置。目前广泛应用的旋流沉砂池主要为钟式沉砂池。废水由流入口切线方向流入沉砂区，利用电动机及传动装置带动转盘和斜坡式叶片，由于所受离心力不同，把砂粒甩向池壁，掉入砂斗，有机物则被送回废水中。调整转速，可达到最佳沉砂效果。钟式沉砂池采用270°的进出水方式，池体主要由分选区和集砂区两部分构成，其构造特点是在两个分区之间采用斜坡连接。

西安市第三污水处理厂预处理单元

西安市第三污水处理厂位于西安市灞桥区，总规模为20万立方米/d，深度处理规模为10万立方米/d，其中一期工程二级处理规模为10万立方米/d，深度处理规模为5万立方米/d。采用厌氧加奥贝尔氧化沟工艺，通过转碟曝气达到脱氮除磷的目的，污水经二级生化处理后达标排放至浐河。深度处理采用混凝、沉淀、过滤消毒技术，达到进一步处理水质的效果。深度处理的出水供热电厂作循环冷却水使用。剩余污泥采用浓缩池重力浓缩，经离心机脱水后，污泥外运卫生填埋。其中预处理单元主要包括：

（1）粗格栅间。4条宽1.5m、深8.6m地下式钢筋混凝土直壁平行渠道，每条渠道各安装一台格栅除污机。栅渣由1台水平方向和1台倾斜方向的无轴螺旋输送机送至垃圾箱，收集后集中运往城市垃圾场填埋。

（2）进水提升泵房。泵房采用半地下式污水泵站，泵房尺寸为17.6m×8m，其中地下8.45m，地上（至梁顶）4.5m，为敞开式。

（3）细格栅间。一期有3条宽1.4m钢筋混凝土直壁式平行渠道，二期有3条宽1.2m钢筋混凝土直壁式平行渠道，每条渠道各安装一台螺旋式格栅除污机，一期格栅安装段渠宽1.84m，二期格栅安装段渠宽1.64m。

（4）曝气沉砂池。现有两组曝气沉砂池。每组分两格，每格宽度4.8m，有效水深2.0m，池长38m，水平流速0.09m/s，最大流量时污水停留时间7min，平均流量时10.5min。曝气池采用粗气泡曝气室，每组曝气池配两台鼓风机，一用一备，鼓风机房位于细格栅间下。每组曝气池设桥式吸砂刮渣机一套，跨度10.3m，配有两台吸砂泵及刮渣提耙装置，池底沉砂经吸砂泵吸至池侧集砂槽，然后自流至砂水分离器。每组池外配砂水分离器一套。油脂、浮渣由吸渣机上的撇渣刮板刮至池进水端的两个油脂室之后，分别由两台螺旋输送机送至池外栅斗。

3.4.3　沉淀池

沉淀池是分离悬浮固体的一种常用处理构筑物。按工艺布置的不同分为初沉池和二沉池。初沉池是一级污水处理系统的主要处理构筑物，或作为生物处理法中预处理的构筑物，对于一般的城镇污水，初沉池去除的对象是悬浮固体（SS），可以去除 SS 40%~55%，同时可以去除 22%~30% 的 BOD_5，可以降低后续生物处理构筑物的有机负荷。二沉池设在生物处理构筑物之后，用于沉淀分离活性污泥或去除脱落的生物膜，是生物处理工艺中一个重要的组成部分。

沉淀池按池内水流方向不同分为平流式、辐流式及竖流式三种，由于竖流式沉淀池表面负荷小，处理效果差，基本上已不被采用。图 3-2 为辐流式沉淀池和平流式沉淀池实物图。

a　　　　　　　　　　　　　　　　b

图 3-2　辐流式沉淀池（a）和平流式沉淀池（b）

3.4.3.1　辐流式沉淀池

辐流式沉淀池多用于大、中型污水处理厂，是活性污泥法处理水工艺过程中的理想设施，适用于一沉池或二沉池。池体平面多为圆形，也有方形的。直径（或边长）为 6~60m，最大可达 100m，池周水深 1.5~3.0m，池底坡度不宜小于 0.05°。废水自池中心进水管进入池中，沿半径方向向池周缓缓流动。悬浮物在流动中沉降，并沿池底坡度进入污泥斗，澄清水从池周溢流到出水渠。辐流式沉淀池多采用回转式刮泥机收集污泥，刮泥机刮板将沉至池底的污泥刮至池中心的污泥斗，再借重力或污泥泵排走。为了满足刮泥机的排泥要求，辐流式沉淀池的池底坡度平缓。

优点：采用机械排泥，运行较好，设备较简单，排泥设备已有定型产品，沉淀性效果好，日处理量大，对水体搅动小，有利于悬浮物的去除。

缺点：池水水流速度不稳定，受进水影响较大；底部刮泥、排泥设备复杂，对施工单位的要求高，占地面积较其他沉淀池大，一般适用于大、中型污水处理厂。

3.4.3.2 平流式沉淀池

平流式沉淀池池体平面为矩形，进口和出口分设在池长的两端。池的长宽比不小于4，有效水深一般不超过3m。平流式沉淀池沉淀效果好，使用较广泛，但占地面积大，常用于处理水量大于1.5万立方米/d的污水处理厂。

平流式沉淀池由进水口、出水口，水流部分和污泥斗三个部分组成。池体平面为矩形，进、出水口分别设在池子的两端，进水口一般采用淹没进水孔，水由进水渠通过均匀分布的进水孔流入池体，进水孔后设有挡板，使水流均匀地分布在整个池宽的横断面；出口多采用溢流堰，以保证沉淀后的澄清水可沿池宽均匀地流入出水渠。堰前设浮渣槽和挡板以截留水面浮渣。水流部分是池的主体，池宽和池深要保证水流沿池的过水断面布水均匀，依设计流速缓慢而稳定地流过。污泥斗用来积聚沉淀下来的污泥，多设在池前部的池底以下，斗底有排泥管，定期排泥。

某污水处理厂一级处理系统

该处理厂是北京市城市总体规划拟建的14座城市污水厂中规模最大也是目前北京最大的污水处理厂，承担着北京市中心区及东郊地区总计9661hm² 流域范围内的污水治理，服务人口240万人，占地68hm²，总处理规模100万立方米/d，占全市污水处理总量的40%。

该污水处理厂采用传统活性污泥法二级处理工艺。预处理及一级处理单元包括：格栅（图3-3a）、进水泵房（图3-3b）、曝气沉砂池和矩形平流式初次沉淀池；二级处理采用空气曝气活性污泥法。

a   b

图3-3 污水处理厂格栅间（a）和进水泵房（b）

(1) 格栅。

该污水处理厂在泵房前池分别安装粗、细两道格栅。粗格栅间隙100mm，人工清除污物；细格栅间隙25mm，为链条式自动除污机，二期工程将粗格栅改为连续式自动清理，细格栅改为间隙 0.5mm 回转式自动除污机；栅渣用皮带输送装筒运往垃圾消纳厂填埋。

(2) 进水泵房。

污水处理厂设置 6 台立式污水混流泵，一期 4 台，二期 2 台。进水泵的作用是将上游来水提升至后续处理单元所要求的高度，使其实现重力自流。水泵性能见表 3-1。

表 3-1　污水处理厂一期进水泵性能

水泵流量/m³·s⁻¹	水泵扬程/m	水泵转速/r·min⁻¹	水泵效率/%	水泵输出功率/kW
315	4	92	80	600

(3) 曝气沉砂池。

沉砂池主要功能是去除大颗粒的砂粒和无机物，避免砂粒沉积和堵塞管道，减少机械设备的磨损。为了使分离出来的砂粒和无机物比较干净，不带走有机物，以提高生物处理单元进水 BOD 浓度，污水处理厂采用曝气沉砂池（图 3-4），它的原理是通过曝气使污水产生竖向紊流，使水与大颗粒无机物产生摩擦，将黏附于砂粒表面的有机物洗下，砂粒沉降于池底的集砂槽，通过潜污泵将砂子吸走，在螺旋砂水分离器中将砂水分离，砂子运走，分离出的污水进入厂区污水管线。

图 3-4　污水处理厂曝气沉砂池

污水处理厂一、二期各设两座曝气沉砂池，每座由两条池子组成，每条池长 21m，宽 6m，有效水深 4.25m，横向 40° 坡角，污水在池中停留时间为 6min。集砂槽长 21m，宽 0.8m，深 1.04m。每座池设 1 台移动桥式吸砂机及砂水分离器（图 3-5），共 2 套（瑞典 PURAC 公司）。

(4) 初（次）沉淀池。

初沉池的主要作用是将污水在池内进行初次沉淀，去除污水中部分 SS（50%~

a　　　　　　　　　　　　　b

图 3-5　污水处理厂移动桥式吸砂机（a）和砂水分离器（b）

60%）、BOD_5（25%~35%）和漂浮物以及均和水质。沉降于池底的污泥通过刮泥机的往复运行，被刮至泥斗中，再经螺杆泵组将污泥排至浓缩池，完成对污水的一级处理。

该污水处理厂采用的是平流式沉淀池，分 4 个系列，每系列 6 座初沉池，共 24 座，每座沉淀池的长为 75m，宽为 14m，池末端有效水深为 2.5m，池底纵向坡度为 0.005°，每座沉淀池表面积 $A=1050m^2$，设 4 个泥斗，泥斗容积共 57m³；表面负荷 0.826m³/（m²·h），水力停留时间 1.5h。初沉池现场图如图 3-6 所示。

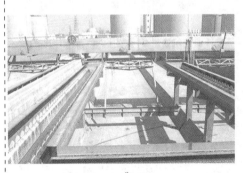

a　　　　　　　　　　　　　b

图 3-6　污水处理厂初沉池放空图（a）和泥斗（b）

初沉池上采用行车桥式刮泥机，配水渠道上防止污泥沉淀安装有搅拌器，初沉池管廊装有 6 组螺杆泵组，每组螺杆泵组由一台破碎机和两台螺杆泵组成，负责两组初沉池的排泥，每组螺杆泵的运行是间歇的，其运行周期可在运行中根据污泥浓度来控制。

3.5　常用二级水处理技术

城市污水经过格栅、沉砂、沉淀等一级处理（预处理），虽然已去除部分悬浮物和25%～40%的生化需氧量（BOD_5），但一般不能去除污水中呈溶解状态的和呈胶体状态的有机物和氧化物、硫化物等物质，不能达到污水排放标准，需要进行二级处理。常见二级处理系统主要包含活性污泥法、生物膜法和厌氧生物处理法。

3.5.1　活性污泥法

活性污泥法是处理城市污水最广泛使用的方法之一。废水与活性污泥（微生物）混合搅拌并曝气，使废水中的有机污染物分解，生物固体随后从已处理废水中分离，并根据需要将部分回流到曝气池中。该方法能从污水中去除溶解的和胶体的可生物降解有机物以及能被活性污泥吸附的悬浮固体和其他一些物质，无机盐（磷和氮的化合）也能部分被去除。类似的工业废水也可用活性污泥法处理。活性污泥法既适用于大流量的污水处理，也适用于小流量的污水处理，运行方式灵活，日常运行费用较低，但管理要求较高。

活性污泥法一般由曝气池、沉淀池、污泥回流和剩余污泥排除系统所组成。活性污泥法的基本流程如图3-7所示。

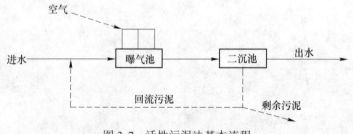

图 3-7　活性污泥法基本流程

污水和回流的活性污泥一起进入曝气池形成混合液。曝气池是一个生物反应器，通过曝气设备充入空气，空气中的氧溶入污水，使活性污泥混合液产生好氧代谢反应。曝气设备不仅传递氧气进入混合液，且使混合液得到足够的搅拌而呈悬浮状态。这样，污水中的有机物、氧气同微生物能充分接触和反应。

随后混合液流入沉淀池，混合液中的悬浮固体在沉淀池中沉淀下来，流出沉淀池的就是净化水。沉淀池中的污泥大部分回流，污泥回流的目的是使曝气池内保持一定的悬浮固体浓度，也就是保持一定的微生物浓度。曝气池中的生化反应引起了微生物的增殖，增殖的微生物通常从沉淀池中排除，以维持活性污泥系统的稳定运行。剩余污泥中含有大量的微生物，排放环境前应进行处理，防止污染环境。常用的活性污泥法有氧化沟、A²/O 工艺、序批式活性污泥法（SBR 法）等。

3.5.1.1 氧化沟

氧化沟利用连续环式反应池（cintinuous loop reactor，简称 CLR）作生物反应池，污水处理的整个过程如进水、曝气、沉淀、污泥稳定和出水等全部集中在氧化沟内完成，它通常采用延时曝气，连续进出水，所产生的微生物污泥在污水曝气净化的同时得到稳定，不需设置初沉池和污泥消化池，处理设施大大简化。混合液在该反应池中一条闭合曝气渠道进行连续循环，氧化沟通常在延时曝气条件下使用。氧化沟使用一种带方向控制的曝气和搅动装置，向反应池中的物质传递水平速度，从而使被搅动的液体在闭合式渠道中循环。

氧化沟一般由沟体、曝气设备、进出水装置、导流和混合设备组成，沟体的平面形状一般呈环形，也可以是长方形、L 形、圆形或其他形状，沟端面形状多为矩形和梯形，其示意图如图 3-8 所示。

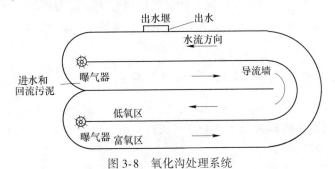

图 3-8　氧化沟处理系统

氧化沟法由于具有较长的水力停留时间，较低的有机负荷和较长的污泥龄，因此相比传统活性污泥法，可以省略调节池、初沉池、污泥消化池，有的还可以省略二沉池。

3.5.1.2　A²/O 工艺

A²/O 工艺或称 AAO 工艺，在一个处理系统中同时具有厌氧区、缺氧区、好氧区，能够同时做到脱氮、除磷和有机物降解，其工艺流程如图 3-9 所示。

污水进入厌氧反应区，同时进入的还有从二沉池回流的活性污泥，聚磷菌在厌氧条件下释放磷，同时转化易降解的 COD、VFA 为 PHB，部分含氮有机物进行氨化。

污水经过第一个厌氧反应器以后进入缺氧反应器，本反应器的首要功能是进行脱氮。硝态氮通过混合液的内循环由好氧反应器传输过来，通常内回流量为 2~4 倍原污水流量，部分有机物在反硝化菌的作用下利用硝酸盐作为电子受体而

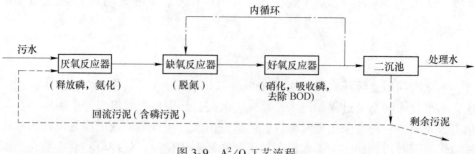

图 3-9　A²/O 工艺流程

得到降解去除。

混合液从缺氧反应区进入好氧反应区，混合液中的 COD 浓度已基本接近排放标准，在好氧反应区除进一步降解有机物外，主要进行氨氮的硝化反应和磷的吸收反应，混合液中硝态氮回流至缺氧反应区，污泥中过量吸收的磷通过剩余污泥排除。

该工艺流程简洁，污泥在厌氧、缺氧、好氧环境中交替进行，丝状菌不能大量繁殖，污泥沉降性能好。该处理系统出水中磷浓度基本可达到 1mg/L 以下，氨氮也可达到 8mg/L 以下。

北京某污水处理厂 A/O 二级生物处理系统

污水处理厂为改善污泥沉降性能，减少二沉池反硝化过程，减少二沉池的污泥上浮，提高出水水质，二级处理采用缺氧—好氧（A/O）活性污泥法，前缺氧后曝气，延长缺氧时间。

曝气池是由微生物组成的活性污泥与污水中的有机污染物质充分混合接触，并进而将其吸收分解的场所，它是活性污泥工艺的核心。污水处理厂采用推流式曝气池，一、二两期共有 24 座曝气池，分为 4 个系列，每 6 座为一个系列；每座曝气池由三个廊道组成，每个廊道的设计尺寸为长 96.2m，宽 9.28m，有效水深 6m，超高 1.1m，第一廊道的前 1/2 段为厌氧段，为防止污泥沉降，装有 2 台水下搅拌器，在回流渠内为防止污泥沉降装有 Flygt SR4650 水下搅拌器 2 台。曝气方式采用曝气头：一期采用国产刚玉微孔曝气器共 90000 个，二期采用进口膜片橡胶微孔曝气头，总数为 36036 个；曝气时间 9.2h；900kW 离心式鼓风机共 8 台（2 台备用）。曝气池和曝气头如图 3-10 所示。二期工程 4 系列为 A/O 法，增加内回流设施。

内回流比 r：内回流比系指混合液内回流量与入流污水量之比，本厂采用内回流比 $r=200\% \sim 400\%$。

回流比 R：由于入流污水中氮绝大部分已被去除，二沉池中 NO_3-N 浓度

图 3-10 污水处理厂生物曝气池（a）和曝气头（b）

不高，因此二沉池中由于反硝化而导致污泥上浮的危险性较小，同时降低回流比，可延长污水在曝气池中的停留时间，回流比应控制在 $R \leqslant 70\%$。

溶解氧 DO：生物硝化反应主要在好氧段进行，因此好氧段 $DO \geqslant 2mg/L$，生物反硝化反应主要在厌氧段进行，因此厌氧段 $DO \leqslant 0.5mg/L$，在运行中，根据工艺需要随时调整 DO 值。

BOD_5 和 TKN：为使缺氧段的污水中有充足的有机物，以满足反硝化细菌在分解有机物的过程中反硝化脱氮，厌氧段应使 BOD_5/TKN 比应控制在 2~3。

pH 值：pH 值应控制在 6.5~8.0 范围内，利于硝化及反硝化高效进行。

3.5.1.3　SBR 法

SBR 是序列间歇式（sequencing batch reactor）活性污泥法的简称。污水在反应池中按序列、间歇进入每个反应工序，即流入、反应、沉淀、排放和闲置 5 个工序。与传统污水处理工艺不同，SBR 技术采用时间分割的操作方式替代空间分割的操作方式，非稳定生化反应替代稳态生化反应，静置理想沉淀替代传统的动态沉淀。它的主要特征是在运行上的有序和间歇操作，SBR 技术的核心是 SBR 反应池，该池集均化、初沉、生物降解、二沉等功能于一池，无污泥回流系统。其工艺流程如图 3-11 所示。在大多数情况下（包括工业废水处理），无须设置调节池；SVI 值较低，污泥易于沉淀，一般情况下，不产生污泥膨胀现象；通过对运行方式的调节，在单一的曝气池内能够进行脱氮和除磷反应；应用电动阀、液位计、自动计时器及可编程序控制器等自控仪表，能使本工艺过程实现全部自动化，而由中心控制室控制；运行管理得当，处理水水质优于连续式；加深池深时，与同样的 BOD—SS 负荷的其他方式相比较，占地面积较小；耐冲击负荷，处理有毒或高浓度有机废水的能力强。

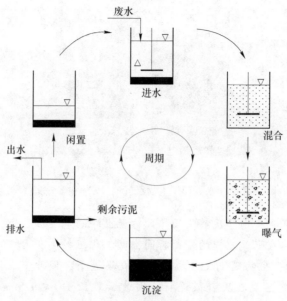

图 3-11　SBR 工艺反应流程

3.5.2　生物膜法

生物膜法主要用于从污水中去除溶解性有机污染物，是一种被广泛采用的生物处理方法。生物膜法的主要优点是对水质、水量变化的适应性较强。生物膜法是一大类生物处理法的统称，共同的特点是微生物附着在介质"滤料"表面上，形成生物膜，污水同生物膜接触后，溶解的有机污染物被微生物吸附转化为 H_2O、CO_2、NH_3 和微生物细胞物质，污水得以净化，所需氧气一般直接来自大气。生物膜法的主要设施有生物滤池、生物转盘、生物接触氧化池和生物流化床等。

3.5.2.1　曝气生物滤池技术

曝气生物滤池（biological aerated filter，简称 BAF）的基本原理是在一级强化的基础上，以颗粒状填料及其附着生长的生物膜为主要处理介质，充分发挥生物代谢作用、物理过滤作用、生物膜和填料的物理吸附作用以及反应器内食物链的分级捕食作用，实现污染物在同一单元反应器内的去除，不仅具有生物膜技术优势，同时也起着有效的空间滤池作用。曝气生物滤池借鉴了生物接触氧化反应器和深床过滤的设计原理，省去了二次沉淀设备。

其构造由滤床及池体、滤料、布水系统和排水系统等部分组成，如图 3-12 所示。

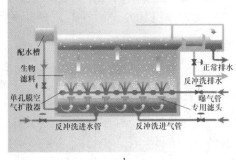

图 3-12 曝气生物滤池现场图 (a) 和原理图 (b)

BAF 存在的主要问题如下：（1）曝气生物滤池对进水悬浮物要求较高，最好控制在 60mg/L 以下，这样对曝气生物滤池前的处理工艺提出较高要求。（2）曝气生物滤池水头损失较大，由于停留时间短，硝化不充分，产泥量较大，污泥稳定性较差，进一步处理困难。（3）除磷效果一般，需加化学除磷。（4）缺少选择性能高、成本低的滤料，没有统一的滤料标准体系。

3.5.2.2 生物转盘法

生物转盘（rotating biological contactor，简称 RBC）的主要组成部分有转动轴、转盘、废水处理槽和驱动装置等，其示意图和现场实物图如图 3-13 所示。生物转盘的主体是垂直固定在水平轴上的一组圆形盘片和一个同它配合的半圆形水槽。微生物生长并形成一层生物膜附着在盘片表面，40%~45% 的盘面（转轴以下的部分）浸没在废水中，上半部敞露在大气中。当圆盘浸在污水中时，污水中的有机物被盘片上的生物膜吸附，当圆盘离开污水时，盘片表面形成薄薄一层水膜。水膜从空气中吸收氧气，同时生物膜分解被吸附的有机物。这样圆盘每转动一圈，即进行一次吸附—吸氧—氧化分解过程。圆盘不断转动，污水不断得到

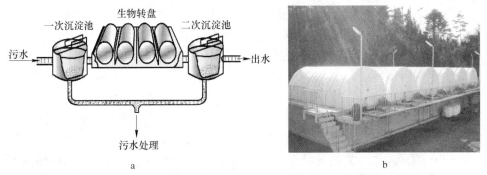

图 3-13 生物转盘处理系统示意图 (a) 和现场实物图 (b)

净化，同时盘片上的生物膜不断生长、增厚。随着膜的增厚，内层的微生物呈厌氧状态，当其失去活性时则使生物膜自盘面脱落，并随同出水流至二次沉淀池。

3.5.2.3   生物接触氧化法

生物接触氧化法（biological contact oxidation，BCO）的处理构筑物是浸没曝气式生物滤池，也称生物接触氧化池。生物接触氧化池内设置填料，填料淹没在废水中，填料上长满生物膜，废水与生物膜接触过程中，水中的有机物被微生物吸附、氧化分解和转化为新的生物膜。从填料上脱落的生物膜，随水流到二沉池后被去除，废水得到净化。在接触氧化池中，微生物所需要的氧气来自水中，鼓入的空气不断补充水中失去的溶解氧。空气是通过设在池底的穿孔布气管进入水流，当气泡上升时向废水供应氧气，其现场图如图3-14所示。

a   b

图 3-14   生物接触氧化池
a—悬浮填料；b—固定填料

3.5.3   厌氧生物处理法

废水厌氧生物处理是指利用厌氧微生物的代谢过程，在无须提供氧的情况下，把有机物转化为无机物（主要是沼气、水、二氧化碳）和少量细胞物质的生物处理过程，是一种把污水处理和能源回收相结合的技术。常用的有厌氧生物滤池、厌氧接触法、上流式厌氧污泥床反应器及分段消化等。

3.5.3.1   厌氧生物滤池

厌氧生物滤池（anaerobic biological filter，简称 AF）是密封的水池，池内放置填料，污水从池底进入，从池顶排出。微生物附着生长在滤料上，平均停留时间可长达100d左右。滤料可采用拳状石质滤料，如碎石、卵石等，也可使用塑料填料。塑料填料具有较高的空隙率，质量也轻，但价格较贵。

厌氧生物滤池的主要优点是：处理能力较高；滤池内可以保持很高的微生物浓度；无须另设泥水分离设备，出水 SS 较低；设备简单、操作方便等。它的主要缺点是：滤料费用较贵；滤料容易堵塞，尤其是下部，生物膜很厚。堵塞后，没有简单有效的清洗方法。因此，悬浮物高的废水不适用。

3.5.3.2　厌氧接触法

对于悬浮物较高的有机废水，可以采用厌氧接触法。其实质是厌氧活性污泥法，不需要曝气而需要脱气。废水先进入混合接触池（消化池）与回流的厌氧污泥相混合，然后经真空脱气器后流入沉淀池。接触池中污泥浓度要求很高，需要达到 12000~15000mg/L，因此污泥回流量很大，一般是废水流量的 2~3 倍。厌氧生物接触氧化池现场图如图 3-15 所示。

图 3-15　厌氧生物接触氧化池

厌氧接触法对悬浮物高的有机废水（如肉类加工废水等）效果很好，悬浮颗粒成为微生物的载体，很容易在沉淀池中沉淀。在混合接触池中，则要进行适当搅拌以使污泥保持悬浮状态。

3.5.3.3　上流式厌氧污泥床反应器

上流式厌氧污泥床反应器（UASB），废水自下而上地通过厌氧污泥床反应器。在反应器的底部有一个高浓度（可达 60~80g/L）、高活性的污泥层，大部分的有机物在这里被转化为 CH_4 和 CO_2。由于气态产物（消化气）的搅动和气泡黏附污泥，在污泥层之上形成一个污泥悬浮层。反应器的上部设有三相分离器，完成气、液、固三相的分离。被分离的消化气从上部导出，被分离的污泥则自动滑落到悬浮污泥层。出水则从澄清区流出。由于在反应器内保留了大量厌氧污泥，使反应器的负荷能力很大。对一般的高浓度有机废水，当水温在 30℃ 左右时，负荷率可达 10~20kg COD/$(m^3 \cdot d)$。

3.5.3.4　二段式厌氧处理法

二段式厌氧处理法即将水解酸化过程和甲烷化过程分开在两个反应器内进

行，以使两类微生物都能在各自的最适条件下生长繁殖。第一段的功能是：水解和液化固态有机物为有机酸；缓冲和稀释负荷冲击与有害物质，并截留难降解的固态物质。第二段的功能是：保持严格的厌氧条件和 pH 值，以利于甲烷菌的生长；降解、稳定有机物，产生含甲烷较多的消化气，并截留悬浮固体，以改善出水水质。

二段式厌氧处理法的流程尚无定式，可以采用不同构筑物予以组合。例如对悬浮物高的工业废水，采用厌氧接触法与上流式厌氧污泥床反应器串联的组合已经有成功的经验，二段式厌氧处理法具有运行稳定可靠，能承受 pH 值、毒物等的冲击，有机负荷率高，消化气中甲烷含量高等特点；但这种方法也有设备较多，流程和操作复杂等缺陷。

3.6　污水深度处理与回用处理技术

污水深度处理与回用是指通过必要的水处理方法去除一级或二级处理出水中的杂质，使之符合回用水质标准，从而作为水资源回用于生产或生活的进一步水处理过程。

处理的方法应根据中水的水源和用水对象对水质的要求确定。常用的方法有物理法、化学反应、生物法，为了达到某一目的，往往是几种方法结合使用。具体常用工艺有：混凝沉淀法、砂滤法、活性炭吸附法、臭氧氧化法、膜分离法、离子交换法与生物脱氮、生物脱磷法等。

3.6.1　常用混凝技术

3.6.1.1　机械搅拌澄清池

机械搅拌澄清池利用机械使水提升和搅拌，促使泥渣循环，并使水中固体杂质与已形成的泥渣接触、絮凝而分离沉淀的水池。

机械搅拌澄清池是混合室和反应室合二为一，其构造图如图 3-16 所示，即原水直接进入第一反应室中，在这里由于搅拌器叶片及涡轮的搅拌提升，使进水、药剂和大量回流泥渣快速接触混合，在第一反应室完成机械反应，并与回流泥渣中原有的泥渣再度碰撞吸附，形成较大的絮粒，再被涡轮提升到第二反应室中，再经折流到澄清区进行分离，清水上升由集水槽引出，泥渣在澄清区下部回流到第一反应室，由刮泥机刮集到泥斗，通过池底排泥阀控制排出，达到原水澄清分离的效果。

特点：机械搅拌澄清池具有处理效率高，运行较稳定，并且对原水浊度、温度和处理水量的变化适应性较强等特点。它与其他形式的澄清池比较，机械设备的日常管理和维修工作量较大。

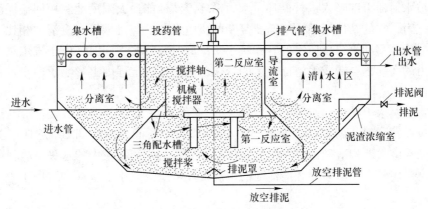

图 3-16 机械搅拌澄清池原理图

3.6.1.2 水力循环澄清池

水力循环（搅拌）澄清池也属于泥渣循环分离型澄清池。其示意图如图 3-17 所示。它利用进水本身的动能，在水射器中，由于高速射流形成的负压，将数倍于原水的沉淀泥渣吸入喉管，并在其中使之与原水以及加入原水中的药剂进行剧烈而均匀的瞬间混合（混合时间仅 1s 左右），从而大大增强了悬浮颗粒的接触碰撞。由于回流泥渣中的絮凝体具有较大的吸附原水中悬浮颗粒的能力，因而在反应室能迅速结成良好的团绒体进入分离室。在分离室内，分离后的清水向上溢流出水，沉下的泥渣，除部分通过污泥浓缩室排出以保持泥渣平衡外，大部分

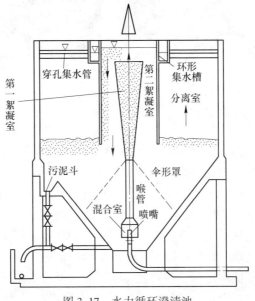

图 3-17 水力循环澄清池

泥渣被水射器再度吸入进行循环。水力循环澄清池能最大限度地利用回流泥渣的吸附能力，它的结构简单，不需要复杂的机电设备，与机械搅拌澄清池相比，它的第一反应室和第二反应室的容积较小，反应时间较短。同时，由于进水量和进水压力的变动，会造成泥渣回流量的变化，从而在一定程度上影响了净水过程的稳定性。

特点：水力循环（搅拌）澄清池由于絮凝不够充分，故对水质、水温适应能力较差，一般适用于进水浊度小于 500NTU，短时间内允许到 2000NTU。虽然水力循环澄清池构造较简单、维修工作量小，但它要消耗较大的水头，故目前在国内已应用较少。水力循环澄清池的单池处理量一般较小，故通常适用于中、小型水厂。

3.6.2　斜板（管）沉淀技术

斜管沉淀池和斜板沉淀池为典型的浅层沉淀，是中水回用处理中常用的沉淀技术。其沉降距离仅 30～200mm。斜板沉淀池中的水流方向可以布置成侧向流（水流与沉泥方向垂直）、上向流（水流与沉泥方向相反）和同向流（水流与沉泥方向相同），上向流又称异向流。斜板与斜管沉淀池现场图如图 3-18 所示。

图 3-18　斜板（管）沉淀池现场图

3.6.2.1　斜管沉淀池

斜管沉淀池是通过在池中加设斜管，从而大大提高沉淀效率，缩短沉淀时间，减小沉淀池体积。斜管沉淀池的主要优点是沉淀效率高，因而水池体积小，占地面积小，处理同样水量时其沉淀部分面积仅为平流沉淀池的 1/3 左右。斜管沉淀池的主要缺点是需要耗用较多的斜管材料，且老化后需定期更换，增加运行费用；对原水水质变化的适应性较差；排泥机械的布置较困难。斜管沉淀池较适宜于水厂占地受限制以及地形、地质复杂的场合，也适用于原有沉淀池为增加水量而做的改造。对于低温地区，斜管沉淀池可减少保温建筑的费用。斜管沉淀池的单池处理水量不宜过大，一般以不超过 10 万立方米/d 为宜。

3.6.2.2 斜板沉淀池

斜板沉淀池通过在池中加设斜板，从而大大提高沉淀效率，缩短沉淀时间，减小沉淀池体积。目前国内应用的斜板沉淀池主要有：侧向流斜板沉淀池、侧向流带翼斜板沉淀池和同向流斜板沉淀池。与斜管沉淀池相比，斜板沉淀池的应用相对较少。斜板沉淀池的优缺点及适用范围大致与斜管沉淀池相仿。

3.6.3 过滤系统

在常规水处理过程中，过滤一般是指以石英砂等粒状滤料层截留水中悬浮杂质，从而使水获得澄清的工艺过程。滤池通常置于沉淀池或澄清池之后。进水浊度一般在10NTU以下。当原水浊度较低（一般在100NTU以下），且水质较好时，也可采用原水直接过滤。过滤的功效，不仅在于进一步降低水的浊度，而且水中有机物、细菌乃至病毒等将随水的浊度降低而被部分去除。至于残留于滤后水中的细菌、病毒等在失去浑浊物的保护或依附时，在滤后消毒过程中也将容易被杀灭，这就为滤后消毒创造了良好条件。在饮用水的净化工艺中，有时沉淀池或澄清池可省略，但过滤是不可缺少的，它是保证饮用水卫生安全的重要措施。

滤池有多种形式。以石英砂作为滤料的普通快滤池使用历史最久。在此基础上，人们从不同的工艺角度发展了其他形式的快滤池。为充分发挥滤料层截留杂质的能力，出现滤料粒径循水流方向减小或不变的过滤层，例如，双层、多层及均质滤料滤池，上向流和双向流滤池等。为了减少滤池阀门，出现了虹吸滤池、无阀滤池、移动冲洗罩滤池以及其他水力自动冲洗滤池等。在冲洗方式上，有单纯水冲洗和气水反冲洗两种。图3-19展示了普通快滤池在运行与停止状态时滤池内部结构现场图。

a   b

图 3-19 普通快滤池现场图

a—运行状态；b—停运状态

某热电厂污水深度处理与回用

　　该热电厂采用附近污水处理厂二级处理后的再生水作为循环水系统的补水，循环系统为敞开式。

　　其深度处理流程如图 3-20 所示。

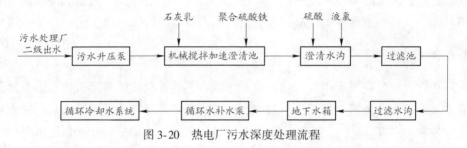

图 3-20　热电厂污水深度处理流程

　　由污水处理厂来的二级污水，经升压泵提升以后，进入两座机械搅拌加速澄清池。石灰乳及聚合硫酸铁投加到澄清池的第一反应室内经混合、反应并澄清的水流入推流式氯接触池，该池内加入硫酸、氯气，以降低澄清池水的 pH 值，防止碳酸钙在重力式变孔隙度滤池中沉淀及杀菌、灭藻，防止微生物滋生。

3.6.4　膜过滤技术

　　膜过滤技术（membrane filtration technology）是指以压力为推动力的膜分离技术，又称为膜过滤技术，它是深度水处理的一种高级手段。在一定的压力下，当原液流过膜表面时，膜表面密布的许多细小的微孔只允许水及小分子物质通过而成为透过液，而原液中体积大于膜表面微孔径的物质则被截留在膜的进液侧，成为浓缩液，实现对原液分离和浓缩的目的。根据膜选择性的不同，膜技术可分为如下 5 种。

3.6.4.1　微滤

　　微滤（microfiltration，简称 MF）又称微孔过滤，它属于精密过滤，截留溶液中的砂砾、淤泥、黏土等颗粒和贾第虫、隐孢子虫、藻类和一些细菌等，而大量溶剂、小分子及大量大分子溶质都能透过膜的分离过程。它的孔径范围一般为 0.1~10μm。微滤可以除去细菌、病毒和寄生生物等，还可以降低水中的磷酸盐含量。

　　微滤的基本原理是筛分过程，操作压力一般在 0.7~7kPa，原料液在静压差作用下，透过一种过滤材料，如折叠滤芯、熔喷滤芯、微滤膜等。通常由透过纤维素或高分子材料制成的微孔滤膜，利用其均一孔径，来截留水中的微粒、细菌等，使其不能透过滤膜而被除去。微滤设备的现场图和膜构造示意图如图 3-21 所示。

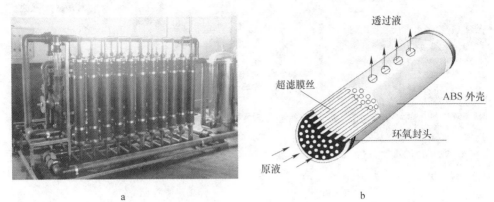

图 3-21　微滤设备现场图（a）和微滤膜构造示意图（b）

3.6.4.2　超滤

超滤（ultrafiltration，简称 UF）作为膜分离技术之一，能将溶液净化、分离或者浓缩，是介于微滤和纳滤之间的一种膜过程，且三者之间无明显的分界线。一般来说，超滤膜的截留分子量在 10000~30000，而相应的膜孔径范围为 0.005~1μm，由于超滤膜具有精密的微细孔，典型应用是从溶液中分离大分子物质和胶体。当原水流过膜表面时，在压力的作用下，水、无机盐和溶解性有机物等小分子物质透过膜，而水中的悬浮物、胶体、微粒、细菌和病毒等大分子物质被截留，从而完成了水的净化过程。

超滤的过程并不是单纯的机械截留、物理筛分，而是存在以下三种作用：（1）溶质在膜表面和微孔孔壁上发生吸附；（2）溶质的粒径大小与膜孔径相仿，溶质嵌在孔中，引起阻塞；（3）溶质的粒径大于膜孔径，溶质在膜表面被机械截留，实现筛分。超滤的过程是动态过滤，即在超滤膜的表面既受到垂直于膜面的压力，使水分子得以透过膜表面并与被截留物质分离，同时又产生一个与膜表面平行的切向力，以将截留在膜表面的物质冲开。因此，超滤运行的周期可以比较长。超滤设备的现场图和中空纤维膜实物图如图 3-22 所示。

3.6.4.3　纳滤

纳滤（nanofiltration，简称 NF）是一项新型膜分离技术，技术原理近似机械筛分。纳滤膜的截留相对分子质量介于反渗透膜和超滤膜之间。纳滤技术是为了适应工业软化水的需求及降低成本而发展起来的一种新型的压力驱动膜过程。纳滤膜的截留相对分子质量在 200~2000 之间，膜孔径约为 1nm，适宜分离大小约为 1nm 的溶解组分。纳滤膜分离在常温下进行，无相变，无化学反应，不破坏生物活性，能有效地截留二价及高价离子、相对分子质量高于 200 的有机小分子，

a   b   c

图 3-22 超滤设备现场图（a）和中空纤维膜实物图（b、c）

而使大部分一价无机盐透过，可分离同类氨基酸和蛋白质，实现高相对分子质量和低相对分子质量有机物的分离，且成本比传统工艺还要低。

但是纳滤膜本体带有电荷性，这是它在很低压力下仍具有较高脱盐性能和截留相对分子质量为数百的膜也可脱除无机盐的重要原因。纳滤膜的孔径由于较大，传质过程主要为孔流形式。纳滤膜一般是荷电型膜，其对无机盐的分离不仅受化学势控制，同时也受电势梯度的影响，对中性不带电荷的物质的截留则是由膜的纳米级微孔的分子筛效应引起的，但其确切机理尚未确定。纳滤介于反渗透和超滤之间，纳滤膜的一个显著特点是具有离子选择性，它对二价离子的去除率高达95%以上，一价离子的去除率较低，为40%~80%。纳滤设备的现场图和膜构造示意图如图3-23所示。

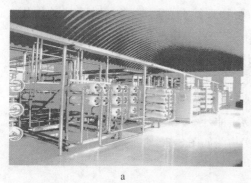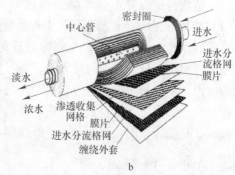

a   b

图 3-23 纳滤设备现场图（a）和纳滤膜构造示意图（b）

3.6.4.4 反渗透

反渗透（reverse osmosis，简称RO）法是一种借助压力促使水分子反向渗透，以浓缩溶液或废水的方法。如果将纯水和盐水用半透膜隔开，此半透膜只有水分子能够通过而其他溶质不能通过。则水分子将透过半透膜而进入溶液（盐水），溶液逐渐从浓变稀，液面不断地上升，直到某一定值为止。这个现象叫渗透。如果我们向溶液的一侧施加压力，并且超过它的渗透压，则溶液中的水就会透过半透膜，流向纯水一侧，而溶质被截留在溶液一侧，这种方法就是反渗透法。

实际的反渗透过程中所加外压一般都达到渗透压差的若干倍。目前膜透过程分成三类：高压反渗透（5.6～10.5MPa，如海水淡化），低压反渗透（1.4～4.2MPa，如苦咸水的脱盐）和疏松反渗透（0.3～1.4MPa，如部分脱盐、软化）。高压与低压反渗透膜具有高脱盐率，例如对 NaCl 达 95%～99.9%的去除效果。反渗透用于降低矿化度和去除总溶解固体，对二级出水的脱盐率达到 90%以上，COD 和 BOD 的去除率在 85%左右，细菌去除率在 90%以上。反渗透设备的现场图和膜构造示意图如图 3-24 所示。

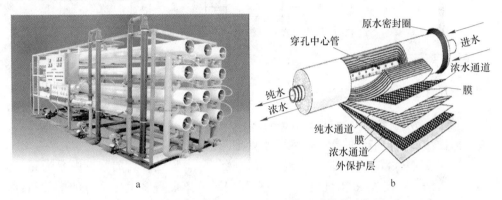

图 3-24　反渗透设备现场图（a）和反渗透膜构造示意图（b）

清河再生水厂

清河再生水厂位于北京海淀区清河镇，占地面积 40hm^2，处理规模为 55 万立方米/d，主要处理来自西郊风景区、高校文教区、中关村科技园区、清河以及回龙观地区的污水。同时将污水经过深度处理使水质达到回用要求，向海淀区及朝阳部分区域提供城市绿化、住宅区冲厕用水等用途的市政杂用水，以及河湖水系定期补水、换水，尤其是作为奥运公园水面的景观水体的补充水。

该厂一期工程日处理能力 20 万立方米，采用倒置 A^2/O 工艺；二期工程日处理能力 35 万立方米，采用 A^2/O 工艺。为实现出水再生利用，清河污水处理厂启动了三期再生水工程，分别采用 MBR+臭氧工艺（15 万立方米/d）、脱硝生物滤池+膜处理+臭氧工艺（32 万立方米/d）、超滤膜+臭氧工艺（8 万立方米/d）进行再生水生产，可为奥林匹克公园等地提供至少每年 2 亿吨的景观用水，其工艺流程图如图 3-25 所示。

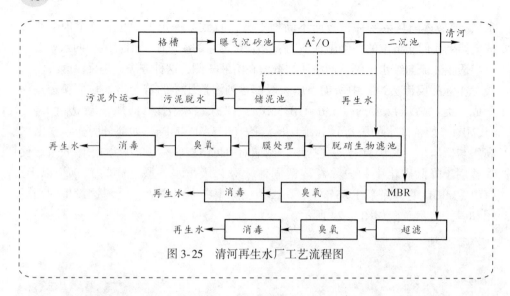

图 3-25 清河再生水厂工艺流程图

3.6.4.5 MBR 膜分离法

膜–生物反应器（membrane bio-reactor，MBR）是一种将高效膜分离技术与传统活性污泥法相结合的新型高效污水处理工艺。

MBR 膜组件置于曝气池中，经过好氧曝气和生物处理后的水，由泵通过滤膜过滤后抽出，图 3-26 为现场图片。它利用膜分离设备将生化反应池中的活性污泥和大分子有机物质截留住，省掉二沉池。活性污泥浓度因此大大提高，水力停留时间（HRT）和污泥停留时间（SRT）可以分别控制，而难降解的物质在反应器中不断反应、降解。

a   b

图 3-26 MBR 工艺处理池现场图（a）和膜组件图（b）

由于 MBR 膜的存在大大提高了系统固液分离的能力，从而使系统出水水质和容积负荷都得到大幅度提高，经膜处理后的水质标准高，经过消毒，最后形成水质和生物安全性高的优质再生水，可直接作为新生水源。

　　由于膜的过滤作用，微生物被完全截留在 MBR 膜生物反应器中，实现了水力停留时间与活性污泥泥龄的彻底分离，消除了传统活性污泥法中污泥膨胀问题。膜生物反应器具有对污染物去除效率高，硝化能力强，可同时进行硝化、反硝化，脱氮效果好，出水水质稳定，剩余污泥产量低，设备紧凑，占地面积少（只有传统工艺的 1/3~1/2），增量扩容方便，自动化程度高，操作简单等优点。

北京槐房再生水厂

　　2017 年建成的北京槐房再生水厂，采用 AAO+MBR 工艺，处理规模 60 万立方米/d，相当于 200 万个家庭的日排水量。年产高品质再生水 2 亿吨，是当时亚洲最大规模的再生水厂，全部建于地下，全封闭运行。该厂服务面积 137km²，出水指标达到北京市《城镇污水处理厂水污染物排放标准》（DB 11/890—2012）B 标准，主要用于景观环境用水。水厂地面建有 270 亩（1 亩 =（10000/15）m²）人工湿地，形成新的南城湿地景观，恢复 18 世纪 30 年代的"一亩泉"湿地旧景观，实现水的再生利用及水生态修复。该再生水厂的地下现场图、地上景观图和工艺流程图见图 3-27。

a

b

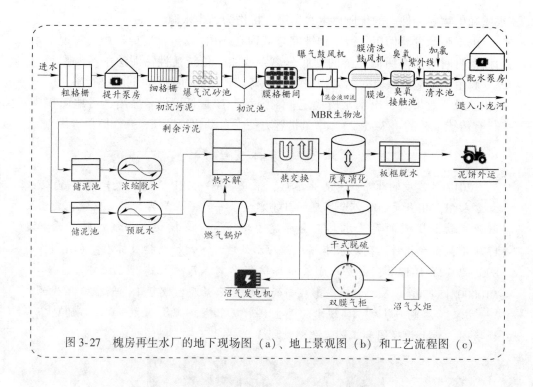

图 3-27 槐房再生水厂的地下现场图 (a)、地上景观图 (b) 和工艺流程图 (c)

3.7 消 毒

水中的致病微生物可分为细菌、原生动物、蠕虫及病毒四大类。消毒和灭菌是两种不同的处理工艺，前者仅要求杀灭致病微生物，而后者则要求杀灭全部微生物。城市污水、生活污水、医院废水、屠宰场废水、食品加工厂废水、饲养场废水、皮革厂废水以及某些生化实验室废水中都或多或少地含有某些致病微生物，未经消毒而排放这类废水，将引起严重的卫生问题，因此，这类废水必须进行消毒处理。消毒方法包括物理法和化学法两大类。物理法消毒有加热、光照射、超声波及辐射等，其中，紫外照射消毒法在水处理中应用较多。化学法消毒是通过向水中投加消毒剂杀灭致病微生物的过程，就我国目前的情况来看，采用最多的是氯化法消毒。国外目前采用较多的是臭氧消毒、紫外线消毒等方法。

3.7.1 紫外线消毒

紫外线（UV）是一种特殊的电磁波，具有杀菌能力，其波长范围是 200～275nm。UV 辐射属于物理消毒，其对细胞产生伤害并使之失去活力的主要机理是破坏 DNA 的结构和功能，当 DNA 特定碱基对内的电子吸收 UV 光子后导致邻近的嘧啶核碱发生二聚作用，直接破坏 DNA 的内部结构，从而使其失去复制能力，如果出现严重的损害最终会导致细胞死亡。

紫外线还能驱动水中各种物质的反应，产生大量的羟基自由基，还可以引起光致电离作用，这些物质和作用都能导致细胞的死亡，从而达到消毒杀菌的目的。

紫外线杀毒过程不在水中引进新的杂质，水的物化性质基本不变，水的化学组成和温度变化一般不会影响杀毒效果；不另增加水中的嗅、味，不产生消毒副产物，杀毒范围广而迅速，处理时间短，可以杀灭氯消毒无法灭活的病毒；设备构造简单，运行管理方便。

但采用紫外线消毒前，水必须进行前处理，因为紫外线会被水中的许多物质吸收，如酚类、芳香化合物等有机物，某些无机物、生物和浊度；紫外线没有持续的消毒能力，并且可能存在微生物的光复活问题。最好用在处理水能立即使用的场合、管路没有二次污染和原生生物稳定性较好的情况；紫外线消毒不宜做到在整个处理空间内辐射均匀，有照射的阴影区；没有容易检测的残余性质，处理效果不易迅速确定，难以监测处理强度。水处理中常用低压汞灯进行消毒，灯的寿命一般为 2000~4000h。紫外线消毒灯管一般采用紫外线透过率高的石英玻璃制成。常见的紫外线消毒灯和紫外线管道消毒如图 3-28 所示。

a　　　　　　　　　　　　　　　　　b

图 3-28　紫外线消毒灯（a）和紫外线管道消毒（b）

3.7.2　氯消毒

氯消毒主要包括用氯气或氯盐对处理后的水进行消毒。氯作为消毒剂，可杀死水中的细菌、病毒及致病体和部分微生物。

3.7.2.1　氯气消毒

氯气略溶于水，有很大的氧化能力，10℃时最大溶解度为 1%，实际上氯气溶于水中后会发生迅速的水解反应而生成次氯酸。其过程可用化学方程式简单表示如下：

$$Cl_2+H_2O \longrightarrow HClO+HCl \tag{3-1}$$

Cl_2 加到水中后生成的 $HClO$ 和 HCl，起到消毒作用的主要成分是 $HClO$，$HClO$ 是很小的中性分子，容易扩散到带负电的细菌表面，并通过细菌壁到细菌内部，因氧化作用破坏了细菌的酶系统，酶是促进葡萄糖吸收和新陈代谢作用的催化剂，从而使细菌死亡；ClO^- 也具有杀菌能力，但因带有负电，不容易接近带负电的细菌表面，杀菌能力比 $HClO$ 差得多。氯消毒主要受到加氯量、氯与水的接触时间、水的混浊度、水的 pH 值、水温、氨氮含量等因素的影响。

3.7.2.2　次氯酸钠（NaClO）消毒

次氯酸钠在酸性和碱性溶液中都能保持强氧化性，次氯酸钠的消毒也是依靠 $HClO$ 的氧化作用，对细菌和病毒进行氧化。次氯酸钠杀菌最主要的作用方式是通过它的水解形成次氯酸，次氯酸再进一步分解形成新生态氧 [O]，新生态氧的极强氧化性使菌体和病毒上的蛋白质等物质变性，从而致死病原微生物。根据化学测定，$\mu g/g$ 级浓度的次氯酸钠在水里几乎是完全水解生成次氯酸，其效率高于 99.99%。其过程可用化学方程式简单表示如下：

$$NaClO+H_2O \longrightarrow HClO+NaOH \tag{3-2}$$
$$HClO \longrightarrow HCl+ [O] \tag{3-3}$$

其次，次氯酸在杀菌、杀病毒过程中，不仅可作用于细胞壁、病毒外壳，而且因次氯酸分子小，不带电荷，还可渗透入菌（病毒）体内，与菌（病毒）体蛋白、核酸和酶等有机高分子发生氧化反应，从而杀死病原微生物。同时，次氯酸产生出的氯离子还能显著改变细菌和病毒体的渗透压，使其细胞丧失活性而死亡。

总的来说，次氯酸钠消毒具有持续消毒作用，有成套的设备，只要有电源和食盐就能使用，不受其他条件限制；可就地产生次氯酸钠溶液，安全方便，产品规格齐全，适合水量范围广。但是次氯酸钠分解的特性决定它不宜大量储存，设备维护复杂，运行成本较高。

3.7.2.3　氯胺消毒

氯胺主要是一氯胺用于给水处理消毒。在水中加氯后生成的次氯酸能与加入的氨（NH_3）作用生成氯胺（一氯胺 NH_2Cl、二氯胺 $NHCl_2$ 和三氯胺 NCl_3），此反应可逆进行，达到杀菌氧化作用，适合对受到有机物污染的水质消毒处理。

由于氯胺可以避免或减缓水中一些有机污染物发生氯化反应，因此氯胺消毒一般很少产生三卤甲烷（THMS）和卤乙酸（HAAs），产生致癌致突变的化合物也比较少；氯胺的稳定性好，在管网中的持续时间长，可以有效控制管网中的有害微生物的繁殖和生物膜的形成，杀菌持久性强，更可以保证管网余氯量的要求；氯胺消毒是由缓慢释放出的 HClO 发生作用，故氧化能力相对比较弱，可以大大减缓液氯消毒残留的臭味；氯胺消毒对供水管网的腐蚀性比较小，因此，氯胺消毒应用于管网较长、供水区域较大的情况时，优势更明显。

尽管氯胺消毒存在一系列优点，使越来越多被用于水厂消毒中，但也有一定的局限性。氯胺消毒是通过缓慢释放的 HClO 作用的，其消毒的持久力比较强，但是消毒能力比较弱，杀菌作用不及自由氯；对细菌、原生动物和病毒的灭活能力弱，增加了病原体传播的危险；除此之外如果控制不好投加量，会激活水中的氨氧化细菌，而使其转化成亚硝酸盐和氨氮，从而使出水中亚硝酸盐和氨氮超标。

3.7.3　臭氧消毒

臭氧（O_3）作为消毒剂始于 1893 年，O_3 是最活泼的氧化剂之一，其氧化能力在天然元素中仅次于氟，这是由于其分子中的氧原子表现出较强的亲质子性。臭氧发生分解后会形成新型氧原子，在水中由于发生氧化作用会生成羟基自由基基团，可以去除废水中有机污染物质。在常温常压下，它是一种具有刺激性臭味的淡蓝色气体，其密度是氧气的 1.5 倍，在水中的溶解度比氧气大 13 倍，比空气大 25 倍。臭氧不稳定，在水中易分解成氧气，它对水中有机污染物具有强烈的氧化分解能力，同时还具有较强的杀菌消毒功能。使用臭氧处理低浓度有机废水，在短时间内即可迅速去除污染，氧化后不生成或很少生成污泥，且残余臭氧很快分解，很少产生二次污染，属于绿色水处理技术。

用臭氧消毒可对微生物、病毒、细菌芽孢等均具有较强的杀灭作用，消毒效果好，接触时间短，能去色及明显改善水的气味和味道，并且能去除铁、锰等物质。有研究表明，使用臭氧作为消毒剂能有效杀灭水中的惰性有害有机体，尤其是隐孢子虫属等，并且不会产生含氯消毒副产物；但臭氧在水中不稳定，不能对水产生持续的消毒作用。

臭氧氧化法处理废水的装置大多是气-液接触装置，如筛板塔、湍流塔、填料塔等。塔高或水深通常为 4～6m，使臭氧气体和废水之间能够充分接触。另外，一般使臭氧通过多孔扩散器、喷射器等设备将其分散成微小气泡，以提高臭氧的利用效率，强化氧化反应效果。采用臭氧可有效地处理炼油废水、含酚废水、印染废水、造纸废液、氨基酸废水、含多环芳烃废水等。将臭氧氧化与紫外光氧化、超声波氧化或者 HO 氧化技术耦合使用，可以提高废水中难降解有机物的去除率。

由于臭氧发生器的设备复杂，管理麻烦，制水成本高，因此，臭氧消毒法在一些地区的应用受到了一定的限制。

某再生水厂处理工艺

该污水再生水厂处理量为 8t/d，采用超滤膜、臭氧氧化处理工艺，处理后的水主要用于景观用水。其工艺流程如图 3-29 所示。

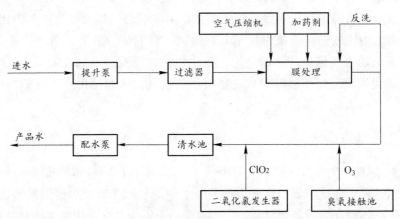

图 3-29 再生水厂工艺流程

该再生水厂采用的是 ZW-1000 型超滤膜，是国内目前最大规模的超滤膜再生水厂。ZW-1000 型超滤膜采用的是由外而内的流动方式，经由孔径为 0.02μm 的中空纤维膜进行过滤。这种微小的孔径几乎可以去除水中所有的悬浮或胶状颗粒物，包括贾第鞭毛虫和隐形孢子虫。

当处理过的水进入再生水厂时，首先经由提升泵提升，进入过滤器进行初步过滤，然后进入膜处理池进行处理。每个膜池含有 9 个膜箱，1 个膜的日处理量为 8000m³，膜系统的设计产水量为 80000m³/d，系统的设计回收率为 91.5%，膜处理系统共有 6 列膜池。经过膜处理的水色度仍显黄，因此还经过碳滤池进行活性炭吸附，向水中通入臭氧，加氯消毒处理，得到清澈的再生水。再生水储于清水池内，由配水泵输往各用水点。

3.8 污泥处理系统

污泥处理是污水处理的重要组成部分。对于以活性污泥法为主的城镇污水处理厂，污泥处理系统的建设投资占污水处理厂总投资的 20%～40%，污泥处理运营费用占污水处理厂总费用的 20%～30%，而污泥处理的投资和运营费用与选择的工艺密切相关。

污泥处理的主要目的是减少污泥量并使其稳定，便于污泥的运输和最终处置。

污泥处理一般包括三个阶段，即预处理阶段、处理阶段、处置阶段。预处理阶段一般包括污泥浓缩、脱水；处理阶段一般有厌氧消化、好氧发酵、干化（高干脱水）；处置阶段一般有焚烧、建材利用、土地利用等。在一个污水处理厂，一般会包含几个处理阶段，例如，某污水污泥处理工艺采用浓缩+预脱水+热水解+厌氧消化+板框脱水（图3-30）。剩余污泥进入污泥浓缩、预脱水系统，经过浓缩机浓缩后，与经过除砂的初沉污泥混合，利用预脱水机脱水与外厂输送的脱水污泥混合后进入热水解系统。热水解处理后的污泥经过稀释及冷却后，进入新建的污泥消化池进行厌氧消化。消化后的污泥经板框压滤脱水系统进行脱水至含水率60%以下，脱水后泥饼外运处置。

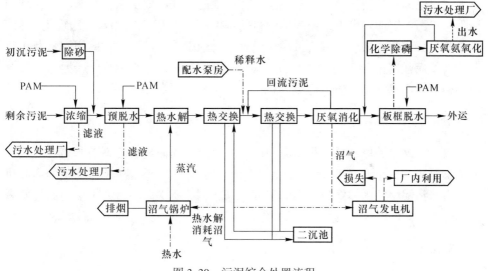

图 3-30　污泥综合处置流程

3.8.1　污泥浓缩与脱水

污泥浓缩就是通过污泥增稠来降低污泥的含水率和减小污泥的体积，从而降低后续处理费用。污泥浓缩常用的方法有重力浓缩、气浮浓缩和离心浓缩三种。污泥脱水是将流态的原生污泥、浓缩污泥或消化污泥脱除水分，转化为半固态或固态泥块的一种污泥处理方法；经过脱水后，污泥含水率可降低到55%~80%。脱水后的污泥具有固体特性，呈泥块状，能装车运输，便于最终处置与利用。脱水的方法有自然脱水和机械脱水。

3.8.1.1　重力浓缩

重力浓缩法是依靠污泥中的固体物质的重力作用进行沉降与压密，使污泥中的间隙水得以分离。在实际应用中，一般通过建成圆形浓缩池进行重力浓缩，浓缩装置的运行分为连续式和间歇式两种。

在污水处理厂初沉池污泥可直接进入浓缩池进行浓缩，含水率一般可从95%～97%浓缩至90%～92%，剩余污泥一般不宜单独进行重力浓缩，对于设有初沉池和二沉池的污水处理厂，可将这两种污泥混合后进行重力浓缩。重力浓缩储存污泥能力强，操作要求一般，运行费用低，动力消耗小；但占地面积大，污泥易发酵产生臭气，对某些污泥（如剩余活性污泥）浓缩效果不理想，在厌氧环境中停留时间太长，会产生磷的释放。

3.8.1.2 气浮浓缩

气浮浓缩法是使溶于水中的气体以微气泡的形式释放出来，并能迅速又均匀地附着于污泥固体颗粒上，使固体颗粒的密度小于水而产生上浮，从而达到固体颗粒与水分离的方法。该方法依靠大量微小气泡附着在污泥颗粒的周围，减小颗粒的密度而强制上浮。因此，气浮法对于密度接近于 $1g/cm^3$ 的污泥尤其适用，如剩余活性污泥、生物滤池污泥等。

3.8.1.3 离心浓缩

离心浓缩法的原理是利用污泥中固、液比重不同而具有的不同的离心力进行浓缩。对于轻质污泥，离心浓缩法能获得较好的处理效果。在高速旋转的离心机中，由于污泥中的固体颗粒和水的密度不同，因此所受离心力大小不同而使两者得到分离。离心浓缩法的特点是效率高、时间短、占地少、卫生条件好。

3.8.1.4 自然脱水

利用自然力（蒸发、渗透等）对污泥进行脱水的方法称之为自然脱水。自然脱水的构筑物称为污泥干化场，图 3-31 为现代污泥干化车间现场图。一块用土堤围绕和分隔的平地，如果土壤的透水性差，可铺薄层的碎石和砂子，并设排水暗管。污泥干化场的脱水包括上部蒸发、底部渗透、中部放泄等多种自然过程，

图 3-31　现代污泥干化车间

依靠下渗和蒸发降低流放到场上的污泥的含水量。下渗过程经 2~3d 完成，可使含水率降低到85%左右。此后主要依靠蒸发，数周后可降到75%左右。污泥干化场的脱水效果，受当地降雨量、蒸发量、气温、湿度等的影响。一般适宜于在干燥、少雨、沙质土壤地区采用。

污泥干化场的特点是简单易行、污泥含水率低，缺点是占地面积大、卫生条件差、铲运干污泥的劳动强度大。

3.8.1.5 机械脱水

利用机械力对污泥进行脱水的方法称之为机械脱水，常见的有过滤脱水、离心脱水等。

A 过滤脱水

过滤脱水是在外力（压力或真空）作用下，污水中的水分透过滤布或滤网，固体被截留，从而达到对污泥脱水的过程。分离的污泥水送回污水处理设备进行重新处理，截留的固体以泥饼的形式剥落后运走。过滤脱水的方法有真空过滤和压力过滤。常用的过滤脱水设备有带式压滤机、板框式压滤机，实物图见图 3-32。

a   b

图 3-32 污泥带式压滤机（a）和污泥板框式压滤机（b）

B 离心脱水

利用离心力的作用对污泥脱水的过程称为离心脱水，离心脱水的设备称为离心机。污泥通过中空轴连续进入桶内，由转筒带动污泥高速旋转，在离心力作用下，向桶壁运动，达到泥水分离。初次沉淀池污泥和消化后污泥，经离心机脱水其含水率相应可降至65%~75%，固体回收率为85%~95%；混合污泥和消化后的混合污泥经离心机脱水后，其含水率可降至76%~82%，固体回收率分别可达到50%~80%和50%~70%。若加调理剂，四种污泥的回收率可高达95%。

离心机的优点是设备小、效率高、分离能力强、操作条件好（密封、无气味）；缺点是制造工艺要求高、设备易磨损、对污泥的预处理要求高，而且必须使用高分子聚合电解质作为调理剂。

3.8.2　污泥厌氧消化

污泥厌氧消化，即污泥中的有机物在无氧的条件下被厌氧菌群最终分解成甲烷和CO_2的过程，是一个极其复杂的过程，其总反应式一般表示为：

$$有机物+H_2O \longrightarrow 细胞物质+CH_4+CO_2+NH_3+H_2S+能量 \qquad (3-4)$$

污泥厌氧消化一般分为三个阶段：

第一阶段为水解酸化阶段。在该阶段，复杂的有机物在厌氧菌胞外酶的作用下水解为简单的有机物，这些简单的有机物在产酸菌的作用下经过厌氧发酵和氧化转化成乙酸、丙酸、丁酸等脂肪酸和醇类等；第二阶段为产氢产乙酸阶段，在产氢产乙酸菌的作用下，把第一阶段除了乙酸、甲烷、甲酸之外的产物转化成氢和乙酸等，并有CO_2产生；第三阶段为产甲烷阶段，产甲烷菌把第一和第二阶段产生的乙酸、H_2O 和 CO_2 等转化为甲烷。常见的厌氧消化罐如图 3-33 所示。

图 3-33　卵型厌氧消化罐（a）和圆柱形厌氧消化罐（b）

与厌氧消化相比，好氧消化效率高、消化液中 COD 含量低、无异味，且系统简单易于控制；缺点是能耗较大，污泥经长时间曝气会使污泥指数增大而难以浓缩。因此好氧消化多用于污泥量较小的场合。

3.8.3　污泥好氧堆肥

污泥堆肥利用自然界广泛存在的细菌、放线菌、真菌等微生物群落在特定的环境中对多相有机物分解，将污泥改良成稳定的腐殖质，用于肥田或土壤改良。堆肥技术在实际应用中可以达到"无害化""减量化""资源化"的效果，并且具有经济、实用、不需外加能源、不产生二次污染等特点。

堆肥化过程有好氧堆肥和厌氧堆肥两种，目前污泥堆肥化基本上采用的是好氧堆肥。好氧堆肥过程由 4 个阶段组成，即升温阶段、高温阶段、降温阶段和腐熟阶段。每个阶段都存在不同的细菌、放线菌、真菌和原生动物。它们利用各阶段的产物作为食物和能量来源，一直进行到稳定的腐殖质物质形成为止。堆肥的一般流程如下：污泥→前处理→一次发酵→二次发酵→后处理→产品。污泥堆肥场现场图如图3-34所示。

图3-34　污泥堆肥场

目前常用的堆肥技术有很多种，分类也很复杂。按照有无发酵装置可分为开放式堆肥系统和发酵仓堆肥系统。根据堆肥技术的复杂程度以及使用情况，主要有条垛式、静态垛式和反应器3大类堆肥系统，其中条垛式堆肥主要通过人工或机械定期翻堆配合自然通风来维持堆体中的有氧状态；与条垛式堆肥相比，静态堆肥过程中不进行物料的翻堆更能有效地确保堆体达到高温和病原菌灭活，堆肥周期缩短；反应器堆肥则在一个或几个容器中进行，通气和水分条件得到了更好的控制。

3.8.4　污泥卫生填埋

污泥填埋有传统的直接填埋和卫生填埋两种处置方式。直接填埋利用坑、塘和洼地等，将经过简单灭菌处理后的污泥倾倒或者集中堆置，不加掩盖，这一传统方法容易污染大气和水源，所以需要在填埋过程中进行固化处理。

卫生填埋，一般又指混合式填埋，是将污泥运至垃圾填埋场与垃圾混合进行无害化填埋，并需要满足一定的工程技术规范和卫生要求，通过填充、推平、压实、覆盖、再压实和封场等工序，使污泥得到最终处置，同时收集渗滤液进行集中处理。

污泥卫生填埋的投资少、处理量大、对污泥的卫生学指标和重金属指标要求比较低，所以在一些城镇地区，还是首选的污泥处置方式。但是，污泥的卫生填埋也存在着一些问题，例如：随着目前的土地资源的紧缺，填埋场地不易寻找，污泥运输成本较高，填埋容量有限，有害成分的渗漏存在污染地下水的风险，填埋气会造成二次污染等问题。

3.8.5   污泥焚烧

污泥焚烧（sludge incineration）是利用焚烧炉将脱水污泥加温干燥，再用高温氧化污泥中的有机物，使污泥成为少量灰烬的过程。当污泥自身的燃烧热值较高，城市卫生要求较高，或污泥有毒物质含量高，不能被综合利用时可以采用污泥焚烧处理处置。污泥在焚烧前，一般应先进行脱水处理和热干化，以减少负荷和能耗，还应同步建设相应的烟气处理设施，保证烟气的达标排放。该方法是污泥后处理的一种减量化、稳定化、无害化处理方法。

污泥焚烧技术是最彻底的污泥处理方法，它能使有机物全部碳化，有效杀死病原体；最大限度地减少污泥体积和质量（焚烧后体积可减少90%以上），因而最终需要处理的物质很少，不需要长期储存，而且占地面积小；污泥可就地焚烧，不需要长距离运输；可以回收能量用于供热或发电；采用先进的焚烧设备可实现很低的二次污染等。在欧洲、美国、日本等发达国家和地区应用较多，它以处理速度快、减量化程度高、能源再利用等突出特点而著称。

焚烧是一种比较成熟的固体废物无害化处置技术，在世界范围内有着广泛的应用，但污泥焚烧成本高、污染物产生量大，虽然通过附加的烟气处理和飞灰处理等方法可以控制污染物的排放，但是需要投入大量的资金，增加了污泥的焚烧成本。因此，降低处理成本是焚烧处置亟待解决的问题。

污泥焚烧可分为直接焚烧和混合焚烧两种类型。

3.8.5.1   污泥直接（单独）焚烧

直接焚烧是利用污泥本身有机物所含有的热值，将污泥经过脱水等处理后添加少量的助燃剂送入焚烧炉进行燃烧。污泥单独焚烧设备有多段炉、回转炉、流化床炉、喷射式焚烧炉、热分解燃烧炉等。焚烧处理污泥速度快，不需要长期储存，可以回收能量，但是，其较高的造价和烟气处理问题也是制约污泥焚烧工艺发展的主要因素。当用地紧张、污泥中有毒有害物质含量较高、无法采用其他处置方式时，可以考虑污泥的干化焚烧。

上海市某污水处理厂污泥干化焚烧工艺

上海市某污水处理厂，由于污泥不适合土地利用，采用了干化焚烧工艺，并成功运行多年，取得了较好的效果。图3-35为该污水处理厂污泥干化焚烧流程示意图。

该污水处理厂处理水量40万立方米/d，产生的污泥量为800t/d（含水率99.2%），干污泥量为64t/d（含水率0%）。污泥处理流程包括污泥调蓄、污泥浓缩、污泥脱水、污泥干化、干化污泥焚烧、焚烧灰分最终处置六个部分。

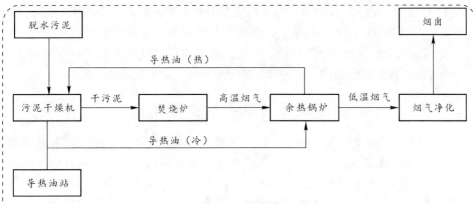

图 3-35 干化焚烧工艺流程

其中污泥干化焚烧系统采用流化床污泥干化和流化床焚烧工艺,对脱水污泥进行干化和焚烧,实现了污泥的减量化、无害化、稳定化。整个系统由 1 套流化床污泥干化装置、3 套流化床污泥焚烧装置(运行方式为二用一备)、1 套烟气净化装置等设备组成。

(1) 干化系统。

采用德国的流化床干燥机和核心设备,主要功能是利用焚烧系统产生的热能,将脱水污泥输送至干燥机内,经过流化干化,去除其中的水分,形成含水率 10% 以下的干化污泥。

(2) 焚烧系统。

采用热载体流化床焚烧炉,干化污泥经过 850℃ 以上焚烧,产生的热能循环利用于干化系统。

(3) 烟气净化系统。

由半干法喷淋塔、布袋除尘装置两部分组成,主要功能是进行酸性气体的脱除和颗粒物捕集。

3.8.5.2 污泥混合焚烧

混合焚烧是将污泥与煤或可燃固体废物等混合燃烧,用于发电、制砖等。

(1) 利用垃圾焚烧炉焚烧。垃圾焚烧炉大都采用先进的技术,配有完善的烟气处理装置,可以在垃圾中混入一定比例的污泥一起焚烧,一般混入比例可达 30% 左右。

(2) 利用工业用炉焚烧。主要利用沥青或水泥的工业焚烧炉,焚烧干化后的污泥,污泥的无机部分(灰渣)可以完全地被利用于产品之中。通过高温焚烧至1200℃，污泥中有机物有害物质被完全分解，同时在焚烧中产生的细小水泥悬浮颗粒，会高效吸附有毒物质，而污泥灰粉一并熔融入水泥的产品之中。

（3）利用火力烧煤发电厂焚烧。经过国外发电厂焚烧污泥研究证明，污泥投入量为耗煤总量的10%以内，对于烟气净化和发电站的正常运转没有不利影响。

燃煤耦合污泥干化发电技术

燃煤耦合污泥干化发电技术，即"燃煤锅炉焚烧+污泥干化"污泥处理处置方案，利用现役燃煤机组高效发电系统和环保治理系统，将干化后的污泥与燃煤混合燃烧，充分利用燃煤机组燃烧、尾气净化、发电等设备，大大降低污泥焚烧处置成本。该处理方案主要由污泥储存及输送系统、污泥干化系统、废气废水系统组成。某公司研发的该发电系统工艺流程如图3-36所示。

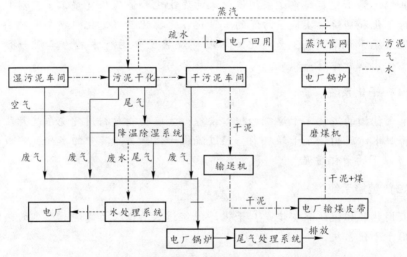

图3-36　燃煤耦合污泥干化发电技术流程

湿污泥储存仓采用地下混凝土或钢制形式。采用污泥输送泵将污泥输送至干化机内进行干化。干化后污泥通过输送设备与燃煤一起进入磨煤机，充分碾磨之后，吹送入炉内焚烧。

污泥干化系统是为了除去污泥中的水分，以便于输送和燃烧。干化热源采用辅助蒸汽，蒸汽参数为0.5~0.6MPa，160~170℃。污泥进入干化机，通过干化机内动部件的转动使污泥翻转、搅拌，污泥充分与加热后的受热面接触，从而使污泥水分大量蒸发，同时污泥随干化机内动部件的转动向出料口翻动，使干化后的污泥从出料口排出。

天津杨柳青热电厂燃煤耦合污泥发电一期项目新建两台日处理250t的城市生活污泥（含水率80%）处理装置，并于2020年10月调试后投入运行。

3.8.6 污泥热解

污泥热解就是利用污泥中有机物的热不稳定性，在无氧条件下对其加热，使有机物产生热裂解，有机物根据其碳氢比例被裂解，形成利用值较高的气相（热解气）和固相（固体残渣、热解油），形成的污泥热解油、热解气体等具有较高的利用价值。污泥热解油可以作为一种燃料，具有清洁的特点，不会对环境造成污染。污泥热解可以抑制二噁英的合成，固化重金属。相比于焚烧灰烬浸出率，污泥热解产物重金属浸出率更低，重金属性质比较稳定。

污泥热解技术变废为宝

太原市建有城镇生活污水处理厂11座，其中建成区有6座，"三县一市"有5座。11座污水处理厂的总设计处理能力为每日89.8万吨，每日大约产生污泥520t（含水率80%），其中市区每日产生污泥460t，"三县一市"每日产生60t。2019年之前，每日产生的污泥主要采取石灰干化的方式简易处置（使污泥含水率降至60%以下），然后把干化的污泥大部分运至垃圾填埋场卫生填埋，少部分运至制砖厂焚烧制砖。

2019年建成首座污泥处置中心，占地面积6.2万平方米，主要处理杨家堡污水处理厂、晋阳污水处理厂、北郊污水处理厂以及城南污水处理厂等市区五大污水处理厂每日产生的污泥，总处理规模为每日700t，一期工程完工投用后，日处理能力为500t。该污泥处置中心采用的是目前国内较为先进的处理工艺，可对污泥进行再循环利用。

污泥的热解反应及燃烧反应式如下：

$$有机固体废物 + 热量 \xrightarrow{\text{无}O_2 \text{或缺}O_2} 可燃气 + 液态油 + 固体燃料 + 炉渣$$

图3-37为污泥热解工艺流程图。污泥低温热解处理的效果好，总成本在理论上低于直接焚烧法，而且热解过程可以将废物转化为有能量的物质和有用的化学物，符合污泥资源化利用的要求，且能量回收率较高。以低温热解（200~500℃）为主要反应机理的污泥低温热化学转化制油技术作为焚烧的替代技术已逐步发展为生产性技术，并显现出了能量经济与二次污染可控性的显著优势。热解产品可作为吸附剂或改良土壤的炭基肥，实现"资源化"。热解虽不能去除污泥中的重金属，但固体残留物在高温下被玻璃化，重金属固化在玻璃体中，可避免重金属二次污染的危害。

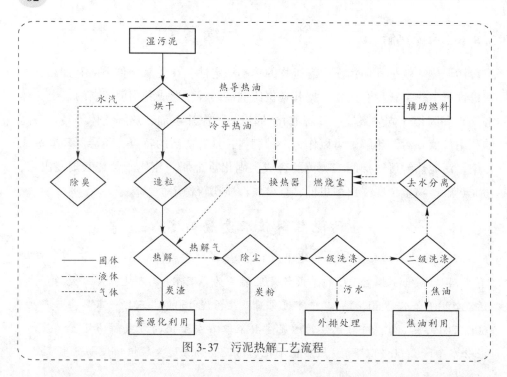

图 3-37　污泥热解工艺流程

　　污泥热解处理作为一种最具发展潜力的工艺技术，可很好地实现污泥的减量化、无害化、稳定化处置，热解残渣作为土壤改良剂可改善土壤的理化性质、微生物环境、钝化重金属；同时因其具有丰富的孔隙结构，可作为缓释肥料的载体，对有效利用污泥中的营养物质、改良土壤、促进作物生长具有重要意义。该污泥处理方法不仅避免了污泥处置的环境问题，而且具有较高的经济效益。

3.9　污水处理概念水厂

　　20 世纪 60 年代，美国提出了具有超前思维的"21 世纪水厂"概念，即将污水处理标准提升至饮用水标准，对行业发展产生深远影响。

　　中国传统常规污水处理厂存在诸多弊端，高耗能、高排碳、无资源回收，污水再生利用率不足 10%，远低于发达国家 30%~40% 的水平，与人民生活需要还存在很大差距。

　　中国曲久辉、王凯军、王洪臣、余刚、柯兵、俞汉青 6 位环境领域著名专家，共同发起成立了中国城市污水处理概念厂专家委员会，提出建设一座（批）面向 2030~2040 年、具备一定规模的城市污水处理厂。2013 年 9 月，6 位专家提出"建设面向未来的中国污水处理概念厂"这一命题，并于 2014 年 1 月在《中国环境报》发表署名文章，正式向社会宣告，希望以此融通各方智慧和共识、启迪创新和创造，引领中国污水处理事业的升级发展。

专家们认为污水处理概念厂内涵主要是：超常规发展的中国污水处理事业，正面临着亟待解决以往问题和适应未来发展的迫切需求，在发展路线的重要选择关口，我们认为，为了跃升行业智慧资源，凝聚共识，明晰方向，迫切需要学习国外先进经验，借鉴成熟案例，效仿美国"21世纪水厂"和新加坡"NEWater 水厂"，建设一座（批）面向未来的污水处理厂，我们称之为"中国污水处理概念厂"。

宜兴城市污水资源概念厂

宜兴城市污水资源概念厂（图 3-38）正是在污水处理概念厂专家委员会指导下开始建设的第一座未来污水处理厂，以"水质永续、能源回收、资源循环和环境友好"为建设目标，是中国城市污水处理概念厂事业的第一家示范性污水处理厂。

概念水厂一期污水日处理能力约 2 万吨，有机质日处理能力为 100t，2021年 10 月 18 日正式建成投运。

图 3-38 宜兴城市污水资源概念厂鸟瞰图

宜兴概念水厂完全颠覆了国内传统污水处理厂的设计布局理念，概念水厂由水质净化中心、有机质协同处理中心、生产型研发中心组成，集生产、生活、生态"三位一体"。同时，宜兴概念水厂包含三个方面的建设内容及主要功能，即概念厂、都市农业和园林景观，并以水质永续、能量自给、资源循环、环境友好作为建设目标。

(1) 水质永续。

概念水厂采用国际先进技术和设备，大幅提高了出厂水质，主要出水指标可以达到地表四类水标准，经过处理后可以直接饮用，使污水从根本上实现再生。

(2) 能量自给。

概念水厂利用污水处理新工艺、新技术、新装备，可大幅降低处理过程中的能耗，将污水中蕴含的化学能有效地转化为清洁能源，将在目前污水处理耗能基础上普遍节能50%以上，在具备有机物外源时做到能源自给，基本实现零能耗。

(3) 资源循环。

污水中富含的氮、磷及重金属等可在概念水厂通过合理处理成为宝贵的物质资源。污水处理产生的污泥结合有机废弃物进行发电、制沼气，实现污泥的无害化、资源化。

(4) 环境友好。

概念水厂做到出水、出料、出气等所有的排出物对生态环境安全。同时，概念水厂还将结合水厂精致、美观的生态景观设计和建设，给周边公众提供一个环境优美、感官舒适的集参观、休闲、娱乐、活动于一体的公共空间，成为市民休闲娱乐的公共花园式景点。

思 考 题

3-1　为什么进行废水的预处理？预处理的设施都有哪些？

3-2　沉淀池的分类都有哪些？并简述各自的优缺点。

3-3　活性污泥法的基本工艺流程是什么？采用活性污泥法的工艺都有哪些？请结合实例具体说明。

3-4　简述生物膜法的处理原理，以及采用此方法的工艺类型。

3-5　常用的污水深度处理的方法技术有哪些？并简述各自的特点。

3-6　常见的再生水厂处理工艺有哪些？

3-7　列举至少三种常用的水消毒技术，并进行对比。

3-8　污泥处置方法有哪些？

3-9　简述污水处理概念水厂的特点。

参 考 文 献

[1] 张自杰. 环境工程手册：水污染防治卷 [M]. 北京：高等教育出版社，1996.

[2] 刘宏远，张燕．饮用水强化处理技术及工程实例［M］．北京：化学工业出版社，2005.

[3] 杨威．水源污染与饮用水处理技术［M］．哈尔滨：哈尔滨地图出版社，2006.

[4] 曹伟华，孙晓杰，赵由才．污泥处理与资源化应用实例［M］．北京：冶金工业出版社，2010.

[5] 吴一蘩，高乃云，乐林生．饮用水消毒技术［M］．北京：化学工业出版社，2006.

[6] 蒋展鹏，杨宏伟．环境工程学［M］．3版．北京：高等教育出版社，2013.

[7] 高廷耀，顾国维，周琪．水污染控制工程［M］.4版．高等教育出版社，2014.

[8] 张自杰．排水工程［M］.5版．北京：中国建筑工业出版社，2015.

[9] 北京市市政工程设计研究总院．给排水设计手册［M］.3版．北京：中国建筑工业出版社，2017.

[10] 王占生，刘文君．微污染水源饮用水处理［M］．北京：中国建筑工业出版社，2016.

[11] 张林生．水的深度处理与回用技术［M］.3版．北京：化学工业出版社，2016.

[12] 李辉，吴晓芙，蒋龙波，等．城市污泥焚烧工艺研究进展［J］．环境工程，2014，32（6）：88-92.

[13] 陈涛，孙水裕，刘敬勇，等．城市污水污泥焚烧二次污染物控制研究进展［J］．化工进展，2010，29（1）：157-162.

[14] 刘善东，钟辉，邹贤，等．活性污泥法处理生活废水介绍及其展望［J］．环保科技，2016，47（1）：39-41.

[15] 于佳馨，吴凡杰，杨小亮．废水处理中活性污泥法应用探析［J］．绿色科技，2016（2）：66-67.

[16] 赵小菲．城市污水处理工艺研究与应用现状［J］．辽宁化工，2016，45（10）：1338-1340.

[17] 陈宏源，赵奇特，张凯风．次氯酸钠用于饮用水消毒时副产物风险和控制［J］．中国给水排水，2021，37（20）：34-40.

[18] 邹华生，吕雪莹．饮用水消毒技术的研究进展［J］．工业水处理，2016，36（6）：17-20.

[19] 褚俊英，陈吉宁，王志华，等．中水回用的经济与中水利用潜力分析［J］．中国给水排水，2002（5）：83-86.

[20] 陈卓华，何嘉莉，陈丽珠．南方自来水厂采用氯胺替代游离氯消毒的可行性研究［J］．给水排水，2018，54（5）：52-56.

[21] 谢昆，尹静，陈星．中国城市污水处理工程污泥处置技术研究进展［J］．工业水处理，2020，40（7）：18-23.

[22] 郭晋荣，贾里，王彦霖，等．城市污泥热解特性及理化性能研究［J］．中南大学学报（自然科学版），2021，52（6）：2023-2031.

[23] 李敏，付丽亚，谭煜，等．臭氧催化氧化在工业废水处理中的应用进展［J］．工业水处理，2022，42（1）：56-65.

4 大气污染治理

实习目的

通过实习，初步了解防治大气污染的基本理论、主要设备和典型工艺的选型、设计、运行与管理。掌握不同除尘工艺、脱硫脱硝工艺、二氧化碳捕集技术、烟气处理工艺、汽车尾气污染治理、VOCs 污染治理的技术原理以及部分主要设备。同时，在相关专业技术人员的讲解下，了解实习单位选择的主要污染控制技术、原理和效果，并通过对不同处理工艺和设备的比较，了解各种工艺的适用条件。再结合实习单位状况，能提出问题、分析问题并解决问题，为学习专业知识奠定基础，争取为实习单位大气污染控制方面提出合理建议。

实习内容

（1）掌握不同种除尘工艺的工作原理、主要除尘设备的内部结构、特点以及技术性能指标。

（2）掌握烟气脱硫、脱硝处理的技术分类、工作原理、主体设备内部结构及特点，了解技术性能指标。

（3）掌握二氧化碳捕集处理的工艺原理、主体处理设备的内部结构及特点，了解技术性能指标。

（4）掌握机动车尾气污染与治理主要技术，了解各种处理技术的特点和技术性能。

（5）掌握 VOCs 污染与治理主要技术，及其特点和技术性能。

（6）掌握垃圾填埋场臭气污染治理技术及特点。

目前，我国乃至世界最常用的燃料是煤、石油等化石燃料，由于燃料内部含有氮、硫等物质，燃烧后会产生相应的氧化物，而这些物质是酸雨、光化学烟雾、温室效应等大气污染形成的主要组成部分，燃烧后的烟气也会携带大量粉尘颗粒，若直接排放会造成一系列的环境污染问题，因此，燃烧后的烟气要经过相应的处理之后才能排放到大气中，减少对环境的污染。除此之外，由于风吹、机械的移动导致的煤尘、矿尘等粉尘的扬起，形成空气扬尘，也是空气颗粒污染物的主要来源之一。

大气污染物系指由于人类活动或自然过程排入大气的，并对人和环境产生有害影响的物质。大气污染物的种类很多，按其存在状态可概括为两大类：气溶胶状态污染物、气体状态污染物。

大气污染物的来源可分为自然污染源和人为污染源两类。自然污染源是指自然原因向环境释放污染物的地点或地区，如火山喷发、森林火灾、飓风、海啸、土壤和岩石的风化及生物腐烂等自然现象。人为污染源是指人类生活活动和生产活动形成的污染源。

4.1 除 尘 技 术

烟气除尘是减少烟气中的粉尘含量，减少粉尘对环境的污染，同时也是有利于后续气态污染物的去除。由于生产的需要，实践中采用了多种多样的除尘器，根据除尘过程中是否采用液体进行除尘或清灰，可分为干式除尘器和湿式除尘器。其中湿式除尘器常见的有水膜除尘器、喷淋塔、泡沫除尘器、旋风水膜除尘器。干式除尘器常用的有电除尘技术、机械除尘技术、过滤除尘技术。

除尘器的性能用可处理的气体量、气体通过除尘器时的阻力损失和除尘效率来表达。

4.1.1 水膜除尘技术

水膜除尘器是使含尘气体与液体（一般为水）密切接触，利用水滴和颗粒的惯性碰撞及其他作用捕集颗粒或使颗粒增大的装置。水膜除尘器依靠强大的离心力的作用把烟尘中的尘粒甩向水膜壁，被侧壁不断流下的水冲走，从而除掉尘粒的效果。

水膜除尘器由筒体、轻质浮球、喷嘴、除雾器等组成。筒体内下边是栅板，栅板上放置一定数量的小球，球层上边有喷嘴把喷淋液雾化后喷淋到小球表面，上边又有一层小球和喷嘴，最上边是脱水器。筒体是浮球塔的基本构架，一般筒体是由碳钢制成，内衬防腐材料，防腐材料可用耐蚀玻璃钢，也可以用聚丙烯制作筒体，外包一层玻璃钢。

水膜除尘器制造成本相对较低。对于化工、喷漆、喷釉、颜料等行业产生的带有水分、黏性和刺激性气味的灰尘是最理想的除尘方式。因为不仅可除去灰尘，还可利用水除去一部分异味，如果是有害性气体（如少量的二氧化硫、盐酸雾等），可在洗涤液中配制吸收剂吸收。其缺点是：有洗涤污泥，要解决污泥和污水问题；设备需要选择耐腐蚀材质；动力消耗较大；北方或者寒冷地区需要考虑设备防冻。常见水膜除尘设备如图 4-1a 所示。

4.1.2　机械除尘技术

机械除尘技术指依靠机械力（重力、惯性力、离心力）进行除尘的技术。常见的如图 4-1b 和 c 所示。

图 4-1　水膜除尘器（a）、重力除尘器（b）和旋风除尘器（c）

4.1.2.1　惯性除尘器

惯性除尘器是利用气流中粉尘的惯性力大于气体的惯性力而使粉尘与气体分离的除尘技术。

惯性除尘器工作原理是：在惯性除尘器内，使空气流急速转向，或冲击在挡板上再急速转向，由于尘粒的惯性效应，运动轨迹与气流轨迹不同，从而使其与气流分离。气流速度越高，这种惯性效应就越大，除尘器的体积可以大大减少，占地面积也小，对细颗粒的分离效率也大大提高，可捕集到 $10\mu m$ 的颗粒。惯性除尘器的阻力在 $400\sim1200Pa$ 之间。这一类除尘设备适用于捕集粒径大于 $20\mu m$ 的尘粒。由于除尘效率低，一般多用于初净化或配合其他类型除尘器组成复合除尘装置。

在工业锅炉烟气除尘系统中常用的惯性除尘器是百叶式除尘器，具有代表性的结构是锥形百叶式、圆筒形百叶式及平形百叶式。

4.1.2.2　重力除尘器

重力除尘器是利用粉尘颗粒的重力沉降作用而使粉尘与气体分离的除尘技术，是一种较简易的除尘装置。烟气从水平方向进入重力沉降设备，在重力的作用下，粉尘粒子逐渐沉降下来，而气体沿水平方向继续前进，从而达到除尘的目的。

重力除尘器主要优点：（1）结构简单，维护容易；（2）阻力低，为 $100\sim$

150Pa，主要是气体的入口和出口的压力损失；（3）投资少，施工速度快，用砖石砌筑，钢材使用少，维护简单，且耐用。

重力除尘器缺点：（1）除尘效率较低，一般干式沉降室除尘效率为50%~60%，适用捕集粒径大于40~50μm的粉尘粒子；（2）设备庞大，适用处理中等气量的常温或高温气体，多作为多级除尘的预除尘使用。

4.1.2.3 旋风除尘器

旋风除尘器是气流在做旋转运动时，气流中的粉尘颗粒会因受离心力的作用从气流中分离出来，利用离心力进行除尘的设备。

旋风除尘器工作原理是：旋风除尘器使含尘气体沿切线方向进入装置后，由于离心力的作用将尘粒从气体中分离出来，从而达到烟气净化的目的。旋风除尘器中的气流要反复旋转许多圈，且气流旋转的线速度也很快，因此旋转气流中粒子受到的离心力比重力大得多。

旋风除尘器特点：（1）结构简单，器身无运动部件，不需要特殊的附属设备，占地面积小，制造安装投资较少；（2）操作、维护简便，压力损失中等，动力消耗不大，运转、维护费用较低，对于大于10μm的粉尘有较高的分离效率；（3）操作弹性较大，性能稳定，不受含尘气体的浓度、温度限制；（4）采用干式旋风除尘器，可以捕集干灰，便于综合利用；（5）捕集微细粉尘的效率不高；（6）由于除尘效率随筒体直径增加而降低，因而单个除尘器的处理风量有一定的局限性；（7）处理风量大时，要采用多个旋风子并联，设置不当，对除尘性能有严重影响。

4.1.3 过滤除尘技术

过滤除尘技术是利用多孔介质来进行的，当含尘气流通过多孔介质时，粒子黏附在介质上而与气体分离。在许多过滤器中，这样沉降下来的粉尘又成为接踵而至粒子的过滤介质。按照滤尘方式有内部过滤与外部过滤之分。内部过滤是把松散多孔的滤料填充在框架内作为过滤层，尘粒是在滤层内部被捕集，如颗粒层过滤器就属于这类过滤器。外部过滤使用纤维织物、滤纸等作为滤料，通过滤料的表面捕集尘粒故称外部过滤，这种除尘方式最典型的装置是袋式除尘器（图4-2）。

袋式除尘器中，含尘气体单向通过滤布，尘粒留在上游或者滤布的含尘气体侧，而净化后的气体通过滤布到下游，接着尘粒借助于自然的或者机械的方法得以去除，过滤机理主要有截留、惯性沉降、扩散沉降、重力沉降、静电沉降等作用。

袋式除尘器优点：除尘效率高，特别是对微细粉尘也有较高的效率，可达99.9%以上；适应性强，可捕集不同性质的粉尘，入口含尘浓度在相当大的范围

图 4-2　袋式除尘器

内变化时，对除尘器效率和阻力影响不大；使用灵活，处理风量可由每小时数百立方米到每小时数十万立方米，可做成直接设于室内、机床附近的小型机组，也可做成大型除尘器室；结构简单，可以因地制宜采用简单的布袋除尘；工作稳定，便于回收干粉尘，没有污泥处理、腐蚀等问题，维护简单。

袋式除尘器缺点：应用范围受滤料的耐温、耐腐蚀性等性能的局限，特别是在耐高温方面；不适宜于黏结性强及吸湿性强的粉尘，特别是烟气温度不能低于露点温度，否则会产生结露，致使滤袋堵塞；处理风量大时，占地面积大。

4.1.4　电除尘技术

静电除尘器是利用静电力（库仑力）将气体中的粉尘或液滴分离出来的除尘设备。其基本工作原理是含尘气体通过高压静电场时，使尘粒荷电，在电场力的作用下，使荷电尘粒沉积在集尘板上，当粉尘沉积到一定厚度后，通过振打将其振落到灰斗内并通过排灰阀将灰排走从而达到除尘的目的。

电除尘一般包括粉尘荷电、粉尘沉降和清灰三个过程。粉尘荷电主要是指：在放电极与集尘极之间施加直流高电压，使放电极发生电晕放电，气体电离，生成大量的自由电子和正离子。在放电极附近的所谓电晕区内正离子立即被电晕极（假定带负电）吸引过去而失去电荷。自由电子随即形成的负离子则受电场力的驱使向集尘极（正极）移动，并充满到两极间的绝大部分空间。含尘气流通过电场空间时，自由电子、负离子与粉尘碰撞并附着其上，便实现了粉尘的荷电。粉尘沉降主要是指：荷电粉尘在电场中受库仑力的作用被驱往集尘极，经过一定时间后达到集尘极表面，放出所带电荷而沉积其上。清灰主要是指：集尘极表面上的粉尘沉积到一定厚度后，用机械振打等方法将其清除掉，使之落入下部灰斗中。放电极也会附着少量粉尘，隔一定时间也需进行清灰。

静电除尘器在冶炼、水泥、煤气、电站锅炉、硫酸、造纸等工业中得到了广泛的应用。图 4-3 为静电除尘器实物图和结构示意图。静电除尘器几乎对各种粉尘、烟雾等，直至极其微小的颗粒都有很高的除尘效率；即使是高温、高压气体也能应用；设备阻力低（200~300Pa），能耗小；维护检修不复杂。

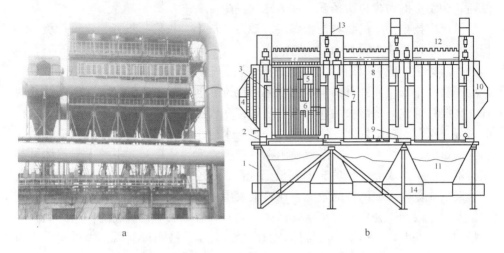

图4-3 静电除尘器实物图（a）和结构示意图（b）

1—壳体；2—支架（混凝土或钢结构）；3—进风口；4—分布图；5—放电极；6—放电极振打结构；7—放电极悬挂框架；8—沉淀极；9—沉淀极振打及传动装置；10—出气口；11—灰斗；12—防雨盖；13—放电极振打传动装置；14—拉链机

某热电厂典型电除尘系统

某热电厂应用的烟气除尘方法是电除尘法，每台锅炉配有两个电除尘器，各分为左右两室，各室有4个电场，每个电场6块36排大C480收尘极，形成通道，每通道12根阴极丝，51个通道，上下共612根阴极丝。

炉膛出口的烟气首先流经水平烟道及垂直烟道，进入电除尘器进行除尘。每个电场的除尘效率为79%~82%，经过4个电场后的除尘效率可达99.2%，国家标准粉尘排放为50mg/m³，处理后的粉尘量可达18.5mg/m³，为保证除尘效率，控制烟气在电场内流速为1.15m/s，烟气温度要低于入口烟气温度200℃，若入口烟温低于100℃，应停止高压硅整流变压器运行。

4.1.5 扬尘的抑制技术

扬尘是由于地面上的尘土在风力、人为带动及其他带动飞扬而进入大气的开放性污染源，是环境空气中总悬浮颗粒物的重要组成部分。扬尘能使空气污浊，影响环境；会使人患支气管炎、肺癌等。

扬尘分为一次扬尘和二次扬尘。在处理散状物料时，由于诱导空气的流动，将粉尘从处理物料中带出，污染局部地带从而形成一次扬尘；由于室内空气流、室内通风造成的流动空气及设备运动部件转动生成的气流，把沉落在设备、地坪及建筑构筑上的粉尘再次扬起，称为二次扬尘。

易产生扬尘污染的物料是指煤炭、砂石、灰土、灰浆、灰膏、建筑垃圾、工程渣土等易产生粉尘颗粒物的物料。

针对扬尘一般可以用抑尘剂和洒水进行抑制。抑尘剂的使用主要针对煤场、矿场等易产生扬尘，并且扬尘量比较大的地方。抑尘剂主要有吸湿性和黏结性两种，吸湿性抑尘剂溶液喷洒在料堆上之后，在表层的一定深度内依靠抑尘剂独特的吸湿、保湿、黏结性能，使其保持一定的水分，增大尘粒的尺寸和质量，达到抑尘的目的；黏结性抑尘剂溶液喷洒在料堆上之后，依靠配方中的成膜单体材料在料堆表面层形成壳膜，填充助剂增强壳膜的强度，吸湿助剂消除壳膜的裂缝，渗透助剂充分发挥喷洒液的效能，在料堆表层形成完整、连续又具足够强度的壳体，使粉尘限制于壳内，避免空气污染，同时具有减少物料流失的作用。洒水降尘是用水湿润沉积于煤堆、岩堆等处的矿尘。当尘粒被水湿润后，尘粒间会互相附着凝集成较大的颗粒，附着性增强，颗粒物就不易飞起形成扬尘。

某热电厂储煤场防尘系统

该热电厂所需的煤，主要由陕西神俯煤田供应，铁路运输。煤炭列车经包神、大包、丰沙大线到电厂铁路专用线接轨站（百子湾车站），再由专用调车机正向牵引进厂。

热电厂装机容量为 700MW，设两个煤场、一台斗轮堆取料机，煤场储量为 12 万吨，可供 21d 的燃烧。该电厂跨度达 120m 的全封闭储煤棚，当时堪称亚洲之最，煤棚可防雨、防风，防粉尘扩散，它有效避免了煤粉露天存放的损耗及扬尘，粉尘量为 $9 \sim 10 \mathrm{mg/m^3}$，如图 4-4 所示。

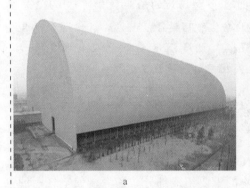

图 4-4 热电厂储煤棚（a）和取料机实物图（b）

悬臂式斗轮堆取料机设在两个煤场中间，布置方式为折返式，可以完成堆料、取料两种作业方式，从而满足了本厂输煤系统各种运行方式调整的需要。

具有一定压力的水，通过喷枪自带的喷头在一定角度范围内均匀喷向皮带上的煤，水滴落下后湿润煤的表面，使细颗粒煤粉之间通过水分子的张力黏合在一起，也增加了细颗粒煤粉自身的质量，避免风吹起尘。同时还具有加湿、延长煤自燃发火期的作用。

4.2 脱硫技术

含硫化合物在大气中存在的主要形式是 SO_2、H_2S、H_2SO_4 和硫酸盐（SO_4^{2-}），其中 SO_2 的含量占含硫化合物的 80% 以上。二氧化硫是酸性氧化物，可以与水和碱反应，也能与氧化剂反应，于是根据脱硫过程是否加入液体和脱硫产物的干湿形态可将烟气脱硫方法分为湿法、半干法和干法。根据脱硫方式的不同可分为物理脱硫、化学脱硫和生物脱硫。

4.2.1 干法烟气脱硫技术

干法烟气脱硫过程无液体介入，完全在干燥状态下进行，脱硫产物为干粉状，工艺简单，投资较低，净化后烟气温度较高，利于扩散，无废水排出，但净化效率一般不高。

目前，比较成熟的干法脱硫方法有干式喷钙法、干式氧化法、电子束照射法、脉冲电晕等离子体法等。以下介绍干式喷钙法脱硫技术。

4.2.1.1 干式喷钙脱硫工艺流程

干法喷钙脱硫以芬兰 IVO 公司开发的 LIFAC 工艺为代表。

首先，作为固硫剂的石灰石粉料喷入锅炉炉膛中温度为 900~1250℃ 的区域，$CaCO_3$ 受热分解成 CaO 和 CO_2，热解后生成 CaO 随烟气流动，与其中 SO_2 反应脱除一部分 SO_2。

$$CaO + SO_2 + 0.5O_2 \longrightarrow CaSO_4 \tag{4-1}$$

$$CaO + SO_3 \longrightarrow CaSO_4 \tag{4-2}$$

然后，生成的 $CaSO_4$ 和未反应的 CaO 与飞灰一起，随烟气进入锅炉后部的活化反应器。在活化反应器中，通过喷水雾增湿，一部分尚未反应的 CaO 转变成具有较高反应活性的 $Ca(OH)_2$，继续与烟气中的 SO_2 反应，从而完成脱硫的全过程。

$$CaO + H_2O \longrightarrow Ca(OH)_2 \tag{4-3}$$

$$Ca(OH)_2 + SO_2 + 0.5O_2 \longrightarrow CaSO_4 + H_2O \tag{4-4}$$

LIFAC 工艺的副产物为干态的粉末。一部分固体副产物从活化器的底部被分离出来，其余的则在静电除尘器中被收集。静电除尘器和活化器底部收集的灰的一部分被返回到活化器中。

4.2.1.2　干式喷钙脱硫法特点

干式喷钙脱硫法具有如下特点：

（1）经济性好。采用 LIFAC 技术脱除单位总量的 SO_2 的费用很低，这是由于 LIFAC 工艺流程简单，因此降低了总投资费用。为了更进一步降低成本，大部分设备可以在当地制造。LIFAC 工艺采用价格低廉、资源丰富的石灰石作为吸收剂。系统电耗很低。最重要的是，由于工艺简单，因此完全可以由现有的运行人员进行操作。

（2）脱硫效率好。LIFAC 工艺可以脱除烟气中 90% 的 SO_2。

（3）副产物十分稳定。LIFAC 工艺的副产品为干粉状，与粉尘一起被除尘装置收集后排出。副产物的组成非常稳定，对环境无害，而且有广泛的商业利用价值。LIFAC 工艺不但不排放废水，而且可以消耗电厂的部分废水，将其注入反应器中作为增湿水。

（4）适应性良好。LIFAC 工艺占地面积很小，因此非常适合现有电厂的脱硫改造，也可以用在一些空间受到限制的新建电厂的设计中。LIFAC 工艺所需要的施工时间很短，设备可以在通常检修期间很快地安装在现有机组上。

4.2.2　湿法烟气脱硫技术

湿法脱硫是用溶液或浆液吸收 SO_2，其直接产物也为溶液或浆液的脱硫方法。其具有工艺成熟、脱硫效率高、操作简单等优点，但脱硫液处理较麻烦，容易造成二次污染，且脱硫后烟气的温度较低，不利于扩散。

目前比较成熟的湿法脱硫工艺有石灰石/石灰法、氨法、钠碱法、金属氧化物法、活性炭吸附法、催化氧化法等。

烟气脱硫工艺中，湿式石灰石/石灰洗涤工艺技术最为成熟，运行最为可靠，应用也最为广泛。

4.2.2.1　石灰石/石灰—石膏法脱硫工艺基本原理

采用石灰石/石灰浆液脱除烟气中 SO_2 方法开发较早，工艺成熟，Ca/S 比较低，操作简单，吸收剂价廉易得，所得石膏副产品可作为轻质建筑材料。因此，这种工艺应用广泛。

该脱硫过程以石灰石或石灰浆液为吸收剂吸收烟气中 SO_2，主要分为吸收和氧化两个步骤。首先生成烟硫酸钙，然后烟硫酸钙再被氧化为硫酸钙，反应如下：

$$CaCO_3 + SO_2 + 0.5H_2O \longrightarrow CaSO_3 \cdot 0.5H_2O + CO_2 \qquad (4\text{-}5)$$

$$Ca(OH)_2 + SO_2 \longrightarrow CaSO_3 \cdot 0.5H_2O + 0.5H_2O \qquad (4\text{-}6)$$

$$CaSO_3 \cdot 0.5H_2O + SO_2 + 0.5H_2O \longrightarrow Ca(HSO_3)_2 \qquad (4\text{-}7)$$

$$2CaSO_3 \cdot 0.5H_2O + O_2 + 3H_2O \longrightarrow 2CaSO_4 \cdot 2H_2O \qquad (4\text{-}8)$$

$$Ca(HSO_3)_2 + O_2 + 2H_2O \longrightarrow CaSO_4 \cdot 2H_2O + H_2SO_4 \qquad (4\text{-}9)$$

吸收塔内由于氧化副反应生成溶解度很低的石膏，很容易在吸收塔内沉积下来造成结垢和堵塞。溶液的 pH 值越低，氧化副反应越容易进行。

4.2.2.2　石灰石/石灰—石膏法脱硫工艺流程及设备

石灰石—石膏法工艺流程如图 4-5 所示。该脱硫工艺系统主要由烟气系统、吸收氧化系统、浆液制备系统、石膏脱水系统、排放系统组成。

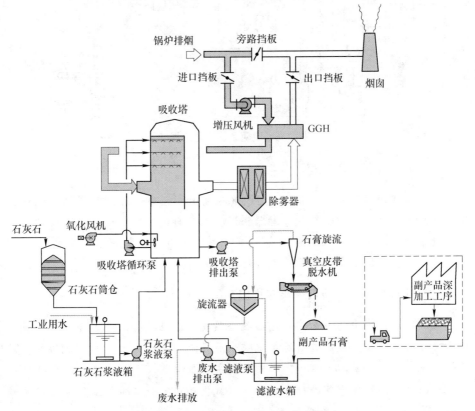

图 4-5　石灰石—石膏法工艺流程

某热电厂典型湿法烟气脱硫系统

该热电厂一期脱硫工程脱硫装置引进奥地利（AEE）工艺技术，采用石灰石——石膏湿法脱硫工艺，脱硫装置的吸收塔采用逆流空塔结构（一炉一塔）。本厂脱硫体系分为以下几个系统：烟气系统、SO_2 吸收系统、排空系统、石膏脱水系统、FGD 废水处理系统、工艺水系统、杂用和仪用压缩空气系统。脱硫系统工艺流程如图 4-6 所示。

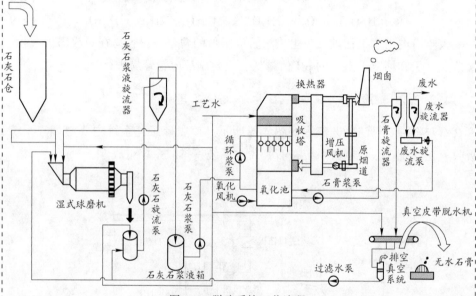

图 4-6　脱硫系统工艺流程

（1）烟气系统工艺流程。

烟气从锅炉引风机后的总烟道上 100% 抽出，经一台静叶可调轴流式增压风机升压后，进入原烟道烟气冷却器降温，然后再进入吸收塔。在吸收塔内经过喷淋浆液洗涤后，进入两级除雾器，除去烟气中携带浆滴后，通过 FRP 烟道排入烟塔，与烟塔中的水蒸气混合后排入大气。

（2）吸收塔再循环及石膏浆液排出系统。

吸收塔氧化池中的石膏、石灰石混合浆液通过吸收塔浆液循环泵送至吸收塔上部喷淋系统，浆液通过喷淋系统喷出后顺流而下，与上行的烟气接触，吸收烟气中的 SO_2、SO_3 和 HCl 等酸性物质后，返回吸收塔氧化池。在吸收塔氧化池中与鼓入的氧气空气进行反应，通过氧化反应将亚硫酸盐氧化成稳定的硫酸盐。

氧化池内的石膏浆液通过石膏浆液排出泵送入石膏水力旋流站浓缩，浓缩后的石膏浆液进入真空皮带脱水机，石膏浆液经脱水处理后表面含水率可小于10%，由皮带输送机送入石膏筒仓存放待运，综合利用。而石膏旋流器溢流浆液进入废水给料箱。

(3) 氧化空气系统。

该厂 FGD 装置设置有 8 台氧化风机，氧化风机为每塔 2 台，一用一备。氧化空气通过氧化空气配管送入吸收塔内氧化。在氧化风机配管上还装设有冷却水喷淋装置，其目的是防止氧化空气温度过高，造成氧化喷管口结晶堵塞流通面积。

(4) 石膏旋流站（一级脱水）和真空皮带脱水系统（二级脱水）。

吸收塔的石膏浆液通过石膏排出泵送入石膏水力旋流站浓缩，浓缩后的石膏浆液进入真空皮带脱水机，真空皮带脱水机的石膏浆液经脱水处理后表面含水率小于10%，由皮带输送机送入石膏仓储存间存放待运，综合利用。而石膏旋流器溢流浆液进入废水给料箱，经废水旋流给料箱泵升压后送入废水旋流器，废水旋流器的溢流浆液进入脱硫废水箱，并由废水排放泵送入 FGD 废水处理站，经废水处理站处理后的合格废水经水泵输出厂外。废水旋流器底流浆液则返回吸收塔使用。

(5) 石灰石接收系统。

小于 20mm 粒径石块由自卸卡车送入钢制卸料斗内，卸料斗容积为 $17m^3$，料斗上部设有防止大粒径的石灰石进入和均匀给料的振动算子，下部设有石灰石卸料振动给料机。石灰石块经卸料振动给料机送入石灰石埋刮板输送机，通过斗式提升机再送入石灰石仓埋刮板输送机，埋刮板输送机再将石灰石送入石灰石筒仓。

(6) 石灰石浆液制备系统。

用卡车将石灰石（粒径≤20mm）送入卸料斗，经振动给料机、埋刮式输送机、斗式提升机送至钢制石灰石储仓内。在石灰石仓底设有两个出料口，两出料口对应两套磨机系统。出料口设有振动给料机和两台称重皮带给料机。石灰石经称重皮带机称重后送至湿式球磨机内磨制成浆液，碾磨后的石灰石浆液再通过循环浆泵输送到水力旋流器分离，大尺寸物料从旋流器底流返回再循环，合格的溢流物料存储于石灰石浆液箱中，然后经石灰石浆液泵送至吸收塔。

4.2.3   生物法脱硫

生物脱硫，又称生物催化脱硫（biocatalytic desulfurization，简称 BDS），生物脱硫是利用微生物或它所含的酶催化含硫化合物（SO_2、H_2S、有机硫），使其所含的硫被氧化、溶解而脱除。

硫酸盐还原菌是一种在自然界分布广泛的厌氧细菌，其广泛存在于土壤、自来水、海水、污泥中。硫酸盐还原菌与硫酸盐反应基本原理可用下列化学方程式简单表示：

$$含碳源有机物 + SO_4^{2-} \longrightarrow S^{2-} + H_2O + CO_2 \uparrow \qquad (4-10)$$

在上述过程中，硫酸盐还原菌利用 SO_4^{2-} 作为最终电子受体，将有机物作为细胞合成的碳源和电子供体，同时将 SO_4^{2-} 还原为硫化物。反应后 SO_4^{2-} 的浓度大大降低，同时含碳源有机物中的碳源浓度也随之降低（COD 浓度降低）。

宜兴协联热电有限公司烟气生物脱硫装置

宜兴协联热电有限公司 2×125MW 热电机组的烟气排放量（标准状态值）为 1102264m³/h，SO_2 含量为 974mg/m³，SO_2 排放量为 9408t/a。该公司采用荷兰帕克环保公司（PAQUES）的厌氧、好氧两步生物反应技术，将废水中的 SO_x 转化为单质硫。设计脱硫率不低于 95%，SO_2 处理能力 24.5t/d，副产物单质硫 12.24t/d，装置投运后的 SO_2 排放浓度小于 100mg/m³。该工程于 2007 年 5 月开始调试，2008 年年底投入商业运行。生物脱硫工艺流程如图 4-7 所示。

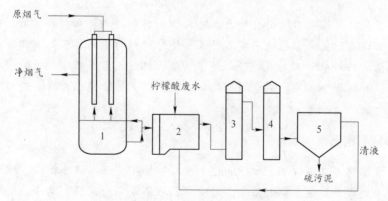

图 4-7   生物脱硫工艺流程

1—洗涤塔；2—CaF_2 沉淀絮凝池；3—厌氧生物反应器；4—好氧生物反应器；5—硫分离器

从电厂来的烟气经过增压风机使压力增高。然后经过烟气换热器，从烟气换热器出来的烟气，进入洗涤塔完成 SO_2 的吸收。在柠檬酸废水和母液中添加

NaOH 碱液作为吸收塔洗涤液，反应式如下：

$$SO_2 + NaHCO_3 \longrightarrow NaHSO_3 + CO_2 \qquad (4-11)$$

$$SO_3 + 2NaHCO_3 \longrightarrow Na_2SO_4 + 2CO_2 + H_2O \qquad (4-12)$$

由于烟气中含有部分 F⁻，投加 $Ca(OH)_2$ 来沉淀 F⁻。预沉池中的混合溶液接下来进入 CaF_2 沉淀絮凝池。沉淀下来的 CaF_2 被刮泥机收集在集泥槽中，用泵打出。上层清液进入厌氧反应器的进料池后再进入厌氧反应器。厌氧反应器和好氧反应器串联组成了生物反应系统，柠檬酸废水中的 80%COD 可作为生物转化的 COD 源。在串联的厌氧生物反应中，亚硫酸盐和硫酸盐被厌氧菌还原为硫氢化钠。在串联的第二级好氧生物反应中，经过脱氢和之后的氧化，大部分硫化物被生物转化为单质硫，含硫的浆液经过分离和干燥即得高纯度的硫黄。

宜兴协联热电有限公司首创将柠檬酸厂产生的高浓度有机废水作为电厂烟气生物脱硫的所需的碳源。废水中 COD 浓度从 12000mg/L 下降到 600mg/L。烟气中的 SO_2 浓度从 974mg/m³ 下降至 100mg/m³ 以下。该装置投运后，电厂排放的烟气完全达标。同时，大大减小了原柠檬酸厂污水处理设施的 COD 负荷，降低了运行成本，并且每年可产 4000t 单质硫，真正实现了以废制废、废弃物资源化。

4.2.4　半干法烟气脱硫技术

半干法是用雾化的脱硫剂或浆液脱硫，但在脱硫过程中，雾滴被蒸发干燥，直接产物呈干态粉末，具有干法和湿法脱硫的优点。

目前主要的半干法烟气脱硫技术有喷雾半干法、炉内喷钙后烟气增湿活化法、灰外循环增湿半干法、烟道流化床脱硫法等 4 种。

4.2.4.1　循环流化床烟气脱硫

循环流化床烟气脱硫（CFB-FGD）技术是 20 世纪 80 年代后期由德国 Lurgi 公司首先研究开发的。整个循环流化床脱硫系统由石灰浆制备系统、脱硫反应系统和收尘引风系统三个部分组成，其工艺流程如图 4-8 所示。

循环流化床主要化学反应如下：

$$CaO + SO_2 + 2H_2O \longrightarrow CaSO_3 \cdot 2H_2O \qquad (4-13)$$

$$CaSO_3 \cdot 2H_2O + 0.5O_2 \longrightarrow CaSO_4 \cdot 2H_2O(石膏) \qquad (4-14)$$

同时也可脱除烟气中的 HCl 和 HF 等酸性气体，反应为：

$$CaO + 2HCl \longrightarrow CaCl_2 + H_2O \qquad (4-15)$$

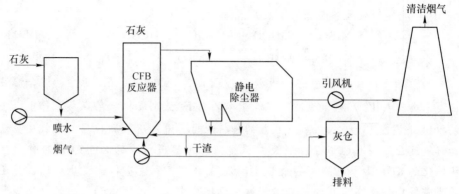

图 4-8　CFB-FGD 工艺流程

$$CaO+2HF \longrightarrow CaF_2+H_2O \tag{4-16}$$

　　循环流化床烟气脱硫的主要优点是脱硫剂反应停留时间长，以及对锅炉负荷变化的适应性强。但目前循环流化床烟气脱硫系统只在较小规模电厂锅炉上得到应用，尚缺乏大型化的应用业绩。

4.2.4.2　灰外循环增湿半干法

　　灰外循环增湿半干法以 ALSTOM 公司开发的循环半干法工艺（NID）工艺为代表，反应系统示意图如图 4-9 所示。由空气预热器出来的烟气从反应器的底部进入，与从混合器输送的新鲜脱硫吸收剂及循环灰充分接触，烟气与物料气固两相呈气力输送状态，在烟气夹带固体颗粒向上流动的过程中烟气降温增湿并发生脱硫反应，脱出 SO_2 的烟气从反应器的顶部进入电除尘器（或布袋除尘器），在此分离出固体颗粒，然后烟气进入引风机，经烟囱排入大气。从电除尘器（或布袋除尘器）底部分离出的颗粒，一部分送入排灰系统，其余部分则经螺旋输送机送至混合器，同时在消化器中加入 CaO 和水，CaO 消化成高活性的 $Ca(OH)_2$。从消化器出来的 $Ca(OH)_2$ 与循环灰在混合器中混合增湿后，以流化风为动力及借助反应器的负压抽吸作用进入反应器。

　　主要反应式如下：

　　与碱液反应：

$$SO_2(g) + Ca(OH)_2(l) \longrightarrow CaSO_3 \cdot 1/2H_2O(s) + 1/2H_2O(l) \tag{4-17}$$

　　$SO_2(g)$ 扩散并溶解：

$$SO_2(g) \longrightarrow SO_2(l) \tag{4-18}$$

$$SO_2(l) + H_2O(l) \longrightarrow H^+ + HSO_3^-(l) \tag{4-19}$$

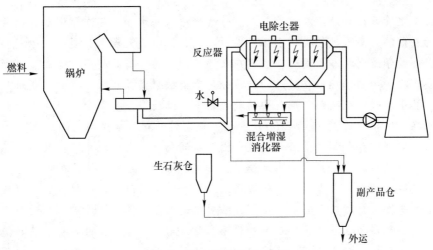

图 4-9　NID 反应系统示意图

某钢厂半干法脱硫系统

　　邯郸钢铁股份有限公司新建 400m² 烧结烟气采用优化后的气固循环吸收半干法（GSCA），脱硫工艺流程见图 4-10。

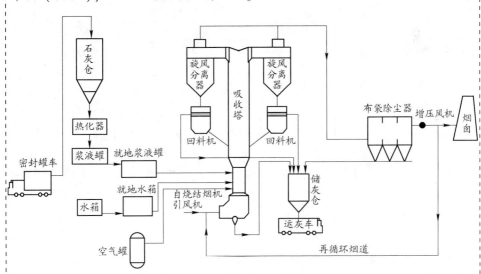

图 4-10　GSCA 工艺流程

　　GSCA 烟气脱硫工艺主要由烟道系统、脱硫剂储存和制浆供给系统、气固循环反应塔（GSCA）系统，包括固粒循环、袋除尘系统、烟气循环系统、仪控系统、电气系统及辅助工艺水系统、压缩空气系统、排灰的运输和储存系统等组成。由引风机引出的含 SO_2 和其他酸性成分的烟气，从反应塔底部进入，在文丘里管处被加速，在该处与三流体喷枪喷入的水和熟石灰浆混合，大量雾化的灰浆滴与高浓度的循环固体颗粒碰撞结合，以更大表面积吸收酸性气体分子，并处于流化状态。同时，从反应塔顶部出来的含有脱硫废物颗粒、残留熟石灰和飞灰的固体颗粒在随后的旋风分离器内被分离并经循环回料机返回反应塔，其中的残留脱硫剂与烟气中的酸性物质继续反应，基本上干态副产物和脱硫剂在系统排出前循环 50~100 次，从而使灰浆的利用率提高到最大。

脱硫剂储存和制浆供给系统主要由石灰储仓、石灰给料机、熟化器、除砂机、浆液储存罐、就地浆液罐、浆液泵等组成。制浆系统布置在石灰仓的下方，使石灰和浆液自上而下自然输送。石灰原料由密封罐车运输，由气动输送至石灰仓，来自石灰仓的石灰由螺旋给料机送入熟化器内，经熟化后的氢氧化钙平均粒径在 30μm 以下，石灰熟化率接近 100%，熟化后的石灰浆液自流排入振动除砂机，以分离石灰浆液中 90% 以上的杂质，产生奶状浆液，不仅保证高效率的脱硫吸收，而且有效防止磨损、沉积、堵塞等问题。经除砂净化的浆液自流入底部浆液罐，由两台输浆泵向 GSCA 反应塔的就地浆液罐供浆，两台就地浆液泵向三流体喷枪供浆。就地浆液泵和水泵采用定压头和可调速泵，保证在固定喷射压力下灵活调节浆液流量为 10:1，以使脱硫负荷变化时保证脱硫率和反应塔温度的精确控制。

4.2.5 新型脱硫技术

4.2.5.1 海水湿法脱硫

海水脱硫工艺使用的脱硫剂是海水。海水通常呈碱性，自然碱度为 1.2~2.5mmol/L，这使得海水具有天然的酸碱缓冲能力及吸收 SO_2 的能力。国外一些脱硫公司利用海水的这种特性，开发并成功地应用海水洗涤烟气中的 SO_2，达到烟气净化的目的。海水脱硫工艺主要由烟气系统、供排海水系统、海水恢复系统等组成。

4.2.5.2 氨法烟气湿法脱硫

氨法烟气湿法脱硫工艺过程一般分为 3 个步骤：脱硫吸收、中间产品处理、副产品制造。其中，脱硫吸收过程是氨法烟气脱硫技术的核心，它以水溶液中的 SO_2 和 NH_3 的反应为基础，得到亚硫酸铵中间产品。中间产品的处理主要分为两大类：直接氧化和酸解。直接氧化是在多功能脱硫塔中，鼓入空气将亚硫酸铵氧化成硫铵，酸解是用硫酸、磷酸、硝酸等酸将脱硫产物亚硫铵酸解，生成相应的铵盐和气体二氧化硫。副产品制造是将中间产品处理后得到的铵盐送制肥装置制成成品氮肥或复合肥。

4.3 脱硝技术

为防止锅炉内煤燃烧后产生过多的 NO_x 污染环境，工业上采用一定的脱硝技术对氮氧化物进行处理。产生的 NO_x 主要危害有：直接使人体中毒（NO 与血红蛋白作用，降低血液的输氧功能；NO_2 还会损坏心、肝、肾的功能和造血组织），同时，NO_x 也是光化学烟雾和酸雨的前体物质。

根据脱硝的作用物质不同，可分为化学脱硝和生物脱硝两大类。

化学脱硝是利用化学试剂使烟气中的 NO_x 脱除的方法，分为化学还原法、化学氧化法。目前，工程中常用的是化学还原法。

4.3.1 选择性催化还原脱硝技术

选择性催化还原法（selective catalytic reduction，SCR）是指在催化剂的作用下，利用还原剂（如 NH_3、液氨、尿素）来有选择性地与烟气中的 NO_x 反应并生成无毒无污染的 N_2 和 H_2O。

4.3.1.1 原理

在 SCR 脱硝过程中，通过加氨可以把 NO_x 转化为空气中天然含有的氮气（N_2）和水（H_2O），其化学反应式主要为：

$$4NO+4NH_3+O_2 \longrightarrow 4N_2+6H_2O \tag{4-20}$$

$$6NO+4NH_3 \longrightarrow 5N_2+6H_2O \tag{4-21}$$

$$6NO_2+8NH_3 \longrightarrow 7N_2+12H_2O \tag{4-22}$$

$$2NO_2+4NH_3+O_2 \longrightarrow 3N_2+6H_2O \tag{4-23}$$

在没有催化剂的情况下，上述化学反应只在很窄的温度范围内（850～1100℃）进行，采用催化剂后使反应活化能降低，可在较低温度（300～400℃）条件下进行。而选择性是指在催化剂的作用和氧气存在的条件下，NH_3 优先与 NO_x 发生还原反应，而不和烟气中的氧进行氧化反应。目前国内外 SCR 系统多采用高温催化剂，反应温度在 315～400℃。广泛应用的催化剂以 TiO_2 为载体，以 V_2O_5 或 V_2O_5-WO_3、V_2O_5-MoO_3 为活性成分。

4.3.1.2 SCR 工艺流程

典型的 SCR 脱硝系统一般由液氨储存和供应系统、氨与空气混合稀释系统、稀释氨气与烟气混合系统、反应器系统、省煤器旁路以及检测和控制系统等组成，如图 4-11 所示。

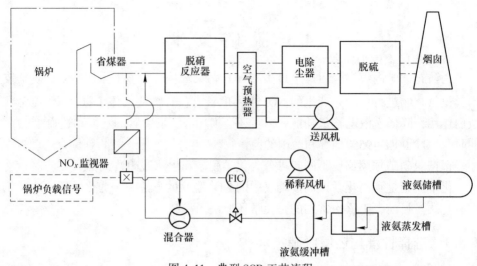

图 4-11　典型 SCR 工艺流程

4.3.1.3　应用现状

到 20 世纪 90 年代，德国已有 140 多座电厂使用 SCR 脱硝系统，装机总容量达到 $3.00×10^{10}$ W。截至 2002 年，欧洲总共有约 $5.5×10^{10}$ W 容量的电力系统应用了 SCR 设备。2004 年年底，约有 $1.00×10^{11}$ W 容量的电站使用了 SCR 设备，占美国燃煤电站总容量的 33%。

2006 年我国火力发电站总机组容量达 $4.83×10^{12}$ W，而安装 SCR 装置的机组容量仅为 $1.14×10^{10}$ W，当时不足 1%。随着经济发展和日趋严格的 NO_x 控制要求，截至 2014 年年底，全国已投运火电厂烟气脱硝机组容量约 $6.87×10^{12}$ W，占全国火电机组容量的 75.0%，占全国煤电机组容量的 83.2%，其中 SCR 烟气脱硝技术占据绝对主导地位。

4.3.2　选择性非催化还原脱硝技术

选择性非催化还原法（selective non-catalytic reduction，SNCR）技术是一种不用催化剂，在 850~1100℃范围内还原 NO_x 的方法，还原剂常用氨或尿素，最初由美国的 Exxon 公司发明，并于 1974 年在日本成功投入工业应用，后经美国 Fuel Tech 公司推广，目前美国是世界上应用实例最多的国家。

4.3.2.1　SCNR 工艺原理

该方法是把含有 NO_x 基的还原剂喷入炉膛温度为 850~1100℃的区域后，迅速热分解成 NH_3 和其他副产物，随后 NH_3 与烟气中的 NO_x 进行 SNCR 反应而生成 N_2。其反应方程式主要为：

$$4NH_3+4NO+O_2 \longrightarrow 4N_2+6H_2O \tag{4-24}$$

$$8NH_3+6NO_2 \longrightarrow 7N_2+12H_2O \tag{4-25}$$

而采用尿素作为还原剂还原 NO_x 的主要化学反应为：

$$(NH_2)_2CO \longrightarrow 2NH_2+CO \tag{4-26}$$

$$NH_2+NO \longrightarrow N_2+H_2O \tag{4-27}$$

$$CO+NO \longrightarrow N_2+CO_2 \tag{4-28}$$

烟气中 90%～95%的 NO_x 为 NO，故以 NO 还原反应为主。为确保上述反应为主要反应，氨或尿素必须注入最适宜的温度区。温度太高，容易导致氨被氧气氧化，温度太低将导致氨反应不完全。

4.3.2.2 SNCR 脱硝工艺流程

一个典型的 SNCR 系统由还原剂储槽、还原剂多层喷入装置和与之配套的控制仪表构成，工艺流程如图 4-12 所示。

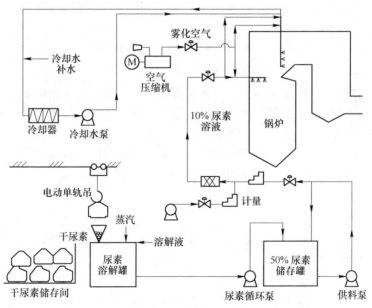

图 4-12 SNCR 工艺流程

北京某热电厂典型脱硝系统

（1）背景简介。

该热电厂一期工程总装机容量为 845MW，4 台锅炉均为德国巴布科克设计，在初设时就考虑了氮氧化物的排放设置了低氮燃烧器，因此在很长一段时间，北京热电厂的排放始终可以满足地方标准。但随着北京市环保要求的提高，电厂大气污染物的排放浓度已不能全部满足北京市排放标准。从 2005 年年底，开始进行烟气脱硝技术的调研工作，并根据文件要求，电厂 1~4 号炉烟气脱硝工程于 2006 年 2 月开始筹备，至 2007 年 12 月正式投入运行。脱硝装置采用选择性催化还原脱硝（SCR）工艺，脱硝效率为 90%。

（2）脱硝工程简介。

脱硝工艺由清华同方环境公司引进意大利 TKC 公司技术，与意大利 TKC 公司进行配合设计。每台锅炉根据锅炉原有烟道情况，在省煤器和空气预热器之间分别安装了两台反应器，每个反应器采用 3+1 布置，进入喷氨隔栅的氨气通过 10 组喷氨阀组进入反应器入口烟道的烟气中，含有氨气的烟气通过静态混合器充分混合后进入催化剂入口整流器，整流器将氨气烟气混合气体进行整流后均匀进入反应器的第一层催化剂，接着进入第二和第三层催化剂，在各层催化剂的表面氨气和氮氧化物反应生成氮气，从而达到脱除氮氧化物的目的。具体反应原理如下：

$$4NO+4NH_3+O_2 \longrightarrow 4N_2+6H_2O \tag{4-29}$$

$$6NO_2+8NH_3 \longrightarrow 7N_2+12H_2O \tag{4-30}$$

由于该热电厂地处首都，又在城市之内，安全无疑是初步设计时考虑最多的因素，因此选择尿素作为脱硝系统还原剂。采用热解法尿素制氨工艺的原理如下公式所示：

$$CO(NH_2)_2 \longrightarrow NH_3 + HNCO \tag{4-31}$$

$$HNCO+H_2O \longrightarrow NH_3+CO_2 \tag{4-32}$$

（3）脱硝系统。

本电厂脱硝系统主要由尿素公用系统、烟气及反应系统组成。

1）尿素公用系统。

4 台锅炉共用一个尿素储存与供应系统。尿素热解法公用系统包括尿素储仓、尿素溶解罐、尿素溶液混合泵、尿素溶液储罐、尿素溶液循环泵、计量和分配装置、热解炉（内含喷射器、燃烧器）系统等。

2）烟气反应系统。

如图 4-13 所示，烟气系统包括从锅炉省煤器出口至 SCR 反应器本体入口、SCR 反应器本体出口至空预器入口之间的连接烟道。其主要流程如下：

来自锅炉省煤器的未脱硝烟气→SCR 系统入口→喷氨格栅→烟气/氨静态混合器→导流板→整流装置→催化剂层→净烟气→SCR 反应器出口→空气预热器入口。

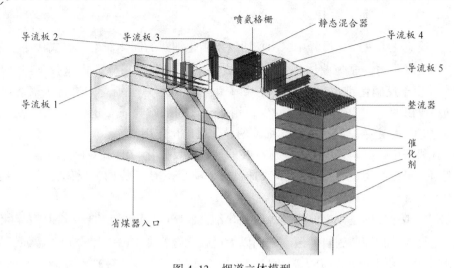

图 4-13　烟道立体模型

在整个烟气系统当中，主要的设备有反应器、喷氨系统、催化剂及其辅助吹灰系统等。

3）SCR 反应器本体及催化剂。反应器在锅炉 40%～100% 负荷下能正常运行，能满足烟气温度不高于 400℃ 的情况下长期运行，为保持催化剂表面清洁配置了"蒸汽吹灰+声波吹灰"的联合吹灰装置。催化剂设置为四层，三用一备。

4）氨喷射系统。氨喷射系统的作用是使氨与空气混合物喷入烟道后，可在较短的距离内与烟气中的 NO_x 充分混合，并能手动调节烟道截面上的氨浓度分布。

5）吹灰及控制系统。SCR 反应器采用"蒸汽吹灰+声波吹灰"联合吹灰模式。每层（1号、2号炉为国产时林设备，每层布置3个；3号、4号炉为进口 GE 设备，每层布置2个）声波吹灰器和3个蒸汽吹灰器，预留层留有接口。

4.3.3　生物法脱硝

生物法脱硝是利用微生物的生命活动将 NO_x 转变为氮气、NO_3^-、NO_2^- 及微生物的细胞质。作为一种新型的大气脱硝方式，目前此法实际应用很少。

根据微生物种类不同，微生物净化 NO_x 有反硝化、硝化、真菌净化三种机理。

4.3.3.1　净化机理

在反硝化大气净化过程中，NO_x 通过反硝化细菌的同化作用（合成代谢）还原成有机氮化物，成为菌体的一部分；或通过异化作用（分解代谢）最终转化为 N_2。由于反硝化细菌是一种兼性厌氧菌，以 NO_x 为电子受体进行厌氧呼吸，故其释放出的 ATP 较好氧呼吸的少，相应合成的细胞物质量也较少。因此，生物净化 NO_x 也主要是利用反硝化细菌的异化反硝化作用。

真菌净化的反硝化能力是普遍存在的。真菌反硝化与细菌反硝化的显著区别是细菌反硝化产物是 N_2；而大多数真菌由于缺乏 N_2O 还原酶，反硝化产物主要是 N_2O。

硝化净化过程是以氨氮为氮源的硝化细菌将 NO_x 氧化为 NO_3^- 和 NO_2^- 的生化反应过程。硝化细菌为自养菌，它们以无机碳化合物如 HCO_3^- 和 CO_2 为碳源，从对 NH_4^+ 的氧化中获得能力。硝化过程一般分为两个阶段，分别由亚硝化细菌和硝化细菌完成：第一步是由亚硝化细菌将氨氮转化为亚硝酸盐；第二步由硝化细菌将亚硝酸盐转化为硝酸盐（NO_3^-）。

4.3.3.2　生物脱硝特点

生物脱硝技术具有工艺设备简单、能耗低、处理费用少、效率高、无二次污染等优点。但也存在不少缺陷，例如微生物难以固定化，生存环境要求比较苛刻，在实际工程中很难满足微生物生长所需的环境，并且生物挂膜需要的时间也比较长，所以目前实际工程中的应用很少。希望在不久的将来能够找到适宜各种环境且脱硝效率较高的菌种，就能广泛将此法应用于实际生产。

4.4　烟塔合一烟气处理

烟塔合一技术于 20 世纪 70 年代起源于德国，并随后逐渐在其国内得到推广应用，目前其已发展成了一项相当成熟的技术。近几年，随着我国湿法烟气脱硫技术的广泛应用，烟塔合一技术在国内也开始得到了广泛的应用。

烟塔合一技术就是取消火电厂中的烟囱，将脱硫后的锅炉烟气经自然通风冷却塔排放到大气，传统烟囱和烟塔合一排烟效果对比如图 4-14 所示。烟塔合一技术取消了再热设备和烟囱，减少了工程投资和运行费用。省去烟气再热系统，还可以避免未净化烟气泄漏而造成脱硫效率的下降。同时，烟塔合一技术可以大大提高脱硫后烟气的抬升高度，有利于烟气扩散和降低大气污染，为有烟囱限高要求的工程提供了一种更好的烟气排放方式。

与传统工艺相比，烟塔合一技术具有技术、经济和环境优势，在华能北京热

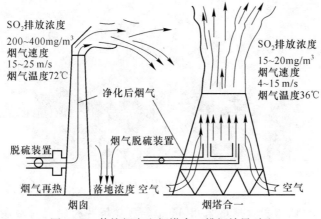

图 4-14　传统烟囱和烟塔合一排烟效果对比

电厂、国华三河电厂、天津国电津能公司等电厂得到推广应用。该技术在应用过程中需要注意的关键点如下：

（1）冷却塔腐蚀。脱硫后的净烟气通过玻璃钢烟道直接进入冷却塔与水蒸气混合后排入大气，烟气中的腐蚀介质（CO_2、SO_2、SO_3、HCl 和 HF）与水蒸气接触，凝结的水滴回落到冷却塔，并在冷却塔筒壁形成大的液滴。含有酸性气体的液滴在向下流动过程中，会对冷却塔的壳体产生严重的腐蚀，局部 pH 值可能会达到 1。由于冷却塔内面积大、湿度高、不易维护，因此烟塔合一技术中的冷却塔防腐至关重要。

（2）脱硫系统的可靠性和可控性。烟塔合一技术均取消了烟气旁路，当锅炉启动、进入吸收塔的烟气超温或脱硫浆液循环泵全部停运时，烟气不可能从旁路绕过吸收塔，而是必须经过吸收塔，通过冷却塔排入大气。此时，为了保证脱硫系统的安全，脱硫系统的可靠性和可控性至关重要，这通常需要脱硫系统控制与电厂主机控制联锁、采用可靠的脱硫设备、设置可控的事故喷淋装置。

热电厂烟塔合一

某热电厂一期总装机容量为 1000MW，共 4 台机组，每台锅炉额定蒸发量为 830t/h。锅炉烟气全部进行脱硫处理，采用石灰石-石膏湿法烟气脱硫技术、一炉一塔布置，脱硫后烟气采用烟塔合一技术排放，4 台锅炉共用 1 座冷却塔（图 4-15）进行烟气排放。

吸收塔作为脱硫系统最关键的设备，特别考虑了以下几点。

（1）吸收塔及烟道防腐。

吸收塔及烟道防腐图如图 4-16 所示，吸收塔壳体由碳钢制作，喷淋层、浆

图4-15　热电厂冷却塔

液池内表面、吸收塔出口烟道采用3mm厚玻璃鳞片树脂内衬防腐，其余内表面采用2mm厚玻璃鳞片树脂内衬防腐。烟气冷却器至吸收塔烟气进口烟道采用6mm厚C276合金，增压风机至吸收塔入口之间的烟道、烟气冷却器外壳采用2mm厚1.4529不锈钢内衬防腐。

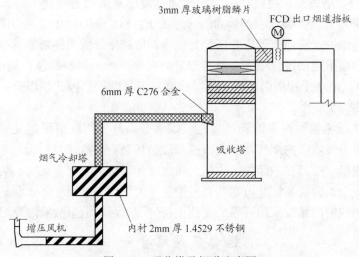

图4-16　吸收塔及烟道防腐图

（2）烟气事故喷淋系统。

为防止脱硫系统运行期间进入吸收塔内的烟气温度过高、浆液泵全部停运等情况出现，在吸收塔入口烟道上设有1路烟气事故喷淋系统和1路除雾冲洗水（上层）。当烟气温度超过140℃时，启动1路事故喷淋和1路除雾器上层冲洗阀进行烟气降温。当烟气温度低于135℃并且吸收塔出口温度低于55℃，自动停止事故喷淋和除雾器上层系统。当烟气温度超过160℃时，或吸收塔出口温度高于65℃，延时5s，停止脱硫系统。当吸收塔浆液泵全部停运时，则启动事故喷淋系统、机组跳闸停运。

（3）系统可靠性设计。

为了减少脱硫系统带来的机组停运率，保证机组可用率，本工程中的制浆系统、供水系统、石膏脱水系统、石膏卸料系统及其相应设备均为一运一备，增压风机、氧化风机、排浆泵、浆液循环泵、搅拌器及监测控制设备等均是选择性能优良、可靠性高的设备。

4.5 二氧化碳捕集

根据 IPCC（The Intergovernmental Panel on Climate Change）报告，引起全球气候变暖的 CO_2、CH_4、N_2O、氢氟烃 4 类气体中，CO_2 产生的温室效应占 60%，因此，减少 CO_2 的排放已成为应对气候变暖最重要的技术路线之一。减少 CO_2 排放主要有以下 3 种途径：（1）调整能源结构，使用无碳或低碳能源。如太阳能、风能等可再生能源以及核能等清洁能源。（2）提高能源利用效率，降低单位产值能耗的温室气体排放量。（3）采用温室气体的捕集和封存（CCS）技术。IEA 的研究结果表明：在碳税为 50 美元/t 的情况下，2050 年 CO_2 减排量的一半将依靠 CO_2 捕集和封存（CCS）实现。因此研究 CO_2 捕集技术对温室气体减排意义重大。

4.5.1 二氧化碳捕集系统的原理

利用碱性的乙醇胺溶液与酸性的二氧化碳发生可逆反应，即在 40℃ 左右时吸收二氧化碳，生成水溶性盐，二氧化碳被吸收，升温至 110℃ 左右时发生逆向反应，解析出二氧化碳。

4.5.2 二氧化碳的捕集方式

二氧化碳的捕集方式主要有 3 种：燃烧前捕集（pre-combustion）、富氧燃烧（oxy-fuel combustion）和燃烧后捕集（post-combustion）。

4.5.2.1 燃烧前捕集

燃烧前捕集主要运用于 IGCC（整体煤气化联合循环）系统中，将煤高压富氧气化变成煤气，再经过水煤气变换后将产生 CO_2 和 H_2，气体压力和 CO_2 浓度都很高，将很容易对 CO_2 进行捕集。剩下的 H_2 可以被当作燃料使用。

4.5.2.2 富氧燃烧

富氧燃烧采用传统燃煤电站的技术流程，但通过制氧技术，将空气中大比例的氮气（N_2）脱除，直接采用高浓度的氧气（O_2）与抽回的部分烟气（烟道气）的混合气体来替代空气，这样得到的烟气中有高浓度的 CO_2 气体，可以直接进行处理和封存。

4.5.2.3 燃烧后捕集

燃烧后捕集即在燃烧排放的烟气中捕集 CO_2，目前常用的 CO_2 分离技术主要有化学吸收法（利用酸碱性吸收）和物理吸收法（变温或变压吸附），此外还有膜分离法技术，虽然正处于发展阶段，但却是公认的在能耗和设备紧凑性方面具有非常大潜力的技术。

某热电厂二氧化碳捕集系统

该热电厂是国内第一家燃煤电厂设置二氧化碳捕集工程的单位。2007 年 12 月 26 日，我国首个"燃煤发电厂年捕集二氧化碳 3000t 试验示范工程"在该电厂开工建设。该工程于 2008 年 7 月 16 日竣工投产，年回收二氧化碳 3000t，现已成功捕集出二氧化碳并通过精制系统提高纯度至 99.99%，形成日产 12t 的规模。

CO_2 捕集系统工艺流程如图 4-17 所示。电厂脱硫后的烟气，在风机作用下，通过旁路管道和脱水系统，由吸收塔储液槽液面之上进入吸收塔。

塔底为溶液储槽，吸收了 CO_2 的富液被储存在该区域，并通过富液泵抽至再生塔。塔中部为气液接触部分，这部分主要是通过填料来强化气液接触，加强溶液对 CO_2 的吸收。塔顶部设置了循环洗涤和除雾装置。循环洗涤系统为独立水循环系统，由 1 个洗涤液储槽、洗涤泵和溶液冷却器及塔内部分构成。

再生出来的胺溶液从槽盘气液分布器之上喷淋下来，分布到填料系统中，并沿填料流下。烟气在上升的过程中，与溶液进行充分接触反应。90%左右的 CO_2 被溶液"吸收"，剩下的气体通过洗涤系统和除雾系统，最终从塔顶排到大气中。

吸收了 CO_2 的溶液，即富液，在富液泵作用下从吸收塔储液槽，通过贫富液换热器，被高温的贫液加热到 95℃左右，然后从再生塔上部进入再生系统。再生系统由再生塔、溶液再沸器、再生器冷却回流系统以及胺回收加热器组成。为促进再生塔内的溶液充分再生，在再生塔下半部，增设一升气帽，使从再生塔顶部流下的溶液被阻隔，溶液首先全部进入再沸器再生。从再沸器回再生

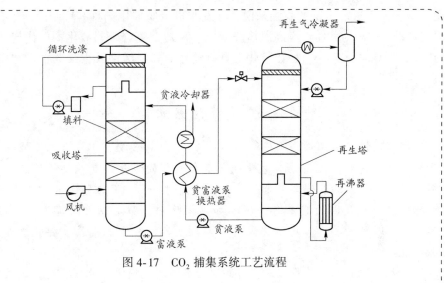

图 4-17　CO_2 捕集系统工艺流程

塔的液相部分流到贫液槽，通过贫液泵，在贫富液换热器处将部分热能传递给富液，进一步经过贫液冷却器，将温度降低到 50℃左右，进入吸收塔。

4.6　机动车尾气污染治理技术

　　机动车排放的污染物以及与交通源相关的主要污染物有：一氧化碳（CO）、氮氧化物（NO_x）、碳氢化合物（包括苯、苯丙芘）和固体悬浮颗粒物等。

　　催化净化是目前研究与应用最多的机动车尾气净化方式。20 世纪 70 年代以来，许多国家都进行了汽车尾气净化催化剂的研究。目前已投入使用的催化剂主要有贵金属催化剂和非贵金属催化剂两种。

4.6.1　贵金属催化剂

　　贵金属催化剂 TWC 具有机械强度高，比表面积大，气阻小和活性高等优点，在 $10^5 r/h$ 的高速和 300~650℃条件下对 3 种污染物的转化率均高于 80%，且行车 $10×10^4 km$ 无明显失活，但它也有自身的不足。它的转化率受空燃比（A/F）影响较大，只有在发动机 A/F 达 14.6 的条件下操作时，催化剂对 HC、CO 及 NO_x 的净化才可同时达到最佳值。

4.6.2　非贵金属催化剂

　　近年来，过渡金属和稀土元素的氧化物型和复合氧化物型催化剂一直受到人们的重视。已有一些过渡金属氧化物型、钙钛矿型的催化剂研制成功并投入使用。对于稀土资源丰富的我国来说，开发非贵金属催化剂具有广阔的前景。有的研究者以 Fe_2O_3 为载体，经高温焙烧制成一种新型复合金属氧化物催化剂 WCX-1（Re-Ni-Co-Cu-O$_x$/Fe$_2$O$_3$），该催化剂具有较好的高温活性及很强的抗 SO_2 中毒和抗积炭性能。

三元催化技术

　　三元催化，是指将汽车尾气排出的 CO、HC 和 NO$_x$ 等有害气体通过氧化和还原作用转变为无害的二氧化碳、水和氮气的催化。其主要是用三元催化器，三元催化器的载体部件是一块多孔陶瓷材料，安装在特制的排气管当中。称它是载体，是因为它本身并不参加催化反应，而是在上面覆盖着一层铂、铑、钯等贵重金属。三元催化器是安装在汽车排气系统中最重要的机外净化装置。

　　三元催化器的工作原理是：当高温的汽车尾气通过净化装置时，三元催化器中的净化剂将增强 CO、HC 和 NO$_x$ 三种气体的活性，促使其进行一定的氧化-还原化学反应，其中 CO 在高温下氧化成为无色、无毒的二氧化碳气体；HC 化合物在高温下氧化成水（H_2O）和二氧化碳；NO$_x$ 还原成氮气和氧气。三种有害气体变成无害气体，使汽车尾气得以净化。三元催化原理图如图 4-18 所示。

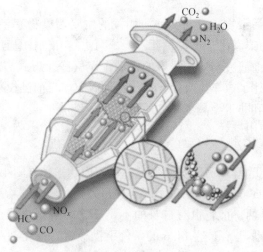

图 4-18　三元催化原理图

　　三元催化反应器类似消声器。它的外面用双层不锈薄钢板制成筒形。在双层薄板夹层中装有绝热材料——石棉纤维毡。内部在网状隔板中间装有净化剂。净化剂由载体和催化剂组成。载体一般由三氧化二铝制成，其形状有球形、多棱体形和网状隔板等。净化剂实际上是起催化作用的，也称为催化剂。催化剂用的是金属铂、铑、钯。将其中一种喷涂在载体上，就构成了净化剂。

三元催化一般不用清洗，如果三元催化氧化严重了就直接更换。因为三元催化的工作温度在350℃左右，所以最好没有液态水残留，否则不好清洗。

4.7　VOCs污染治理技术

VOCs是挥发性有机物（volaile organic compounds）的简称，是指在常温下，沸点50~260℃的各种有机化合物。在我国，VOCs是指常温下饱和蒸汽压大于70Pa、常压下沸点在260℃以下的有机化合物，或在20℃条件下，蒸汽压大于或者等于10Pa且具有挥发性的全部有机化合物。VOCs参与大气环境中臭氧和二次气溶胶的形成，其对区域性大气臭氧污染、$PM_{2.5}$污染具有重要的影响。大多数VOCs具有令人不适的特殊气味，并具有毒性、刺激性、致畸性和致癌作用，特别是苯、甲苯及甲醛等对人体健康会造成很大的伤害。VOCs是导致城市灰霾和光化学烟雾的重要前体物，主要来源于煤化工、石油化工、燃料涂料制造、溶剂制造与使用等过程。

4.7.1　VOCs污染物的主要来源

VOCs的排放有天然源和人为源两种，前者每年的全球排放量约为1200Mt（C），属于植物生态功能性排放，基本为不可控源。后者则主要源于人类生产生活中的不完全燃烧过程和涉及有机产品的挥发散逸过程，其化学组分极为丰富，交通运输和溶剂使用是共同重点源，占排放总量的一半以上；其中道路机动车排放占交通移动源总排放量的80%以上；而涂料喷涂和油墨印刷等过程也是重要排放源，约占溶剂使用过程总排放量的50%。另外，我国固定燃烧源和废物处理处置源的相对高排放则主要源于农村地区生物质家庭炉灶燃烧和农业秸秆废物野外焚烧两大活动行为。较天然源而言，VOCs人为源排放量较低，仅为其百分之几；但是道路机动车和各种工业活动在城市区域的高度集中，使得人为排放的VOCs成为影响区域空气质量的重要污染物。

京津冀《机动车和非道路移动机械排放污染防治条例》

《机动车和非道路移动机械排放污染防治条例》（以下简称《条例》）由京津冀三地同步起草、同步修改、同步通过，是京津冀第一个协同立法的实质性成果，也是我国首部对污染防治领域作出全面规定的区域性协同立法。于2021年5月1日起在三地同步实施。

按照该《条例》，京津冀三地将按照统一规划、统一标准、统一监测、统一防治措施要求开展机动车和非道路移动机械的联防联治。

京津冀区域是大气污染治理的重要区域，但机动车特别是重型柴油车和非道路移动机械，普遍存在活动区域范围广、使用强度高、单车排放大等突出问题。以北京为例，目前北京市机动车保有量在 640 万辆左右，其中重型柴油车 24 万辆，虽然仅占到机动车保有量的 4%，但据测算，排放的氮氧化物和颗粒物却分别占机动车总排放量的 70% 和 90% 以上，成为形成 $PM_{2.5}$ 的主要来源。河北省机动车保有量 1687.6 万辆，境内每年在途重型柴油货车约 1.3 亿辆次。根据《条例》，京津冀三地将实现超标排放车辆数据信息共享。比如，一辆天津超标大货车在北京被查，京津冀三地生态环境部门都能通过平台查询这辆车的超标信息，以后这辆车无论行驶到北京、天津还是河北，都将被重点检测监管。

《条例》首次将这些非道路移动机械纳入监管范畴，《条例》实施后，京津冀三地将依托已经开展的登记工作，将叉车、铲车、装载车等非道路移动机械纳入京津冀统一使用的登记管理系统，进行排放检验、规范使用。

4.7.2 VOCs 的危害

首先，是对身体健康的影响，据不完全统计，当下已知能明确得到或真实存在的 900 多类化学物质以及生物物质中，不低于 350 种以上的物质都属于 VOCs 废气范畴，而这之中又近 20 种物质为高致癌物以及有毒物质；其次，VOCs 还会污染生态环境，作为雾霾的重要组成成分，VOCs 废气和空气中的氮氧化物以及二氧化硫等气体能够结合，且在光照反应下可能会产生大量的硝酸盐物质以及其他颗粒物。通常这类颗粒物往往不易沉降，并可长期飘浮在空气中。在光线的散射作用下，这类颗粒物能够降低整个环境中的空气能见度，长此以往极有可能导致被覆盖地区的生态失衡，进一步恶化地方环境，造成严重的环境污染。因此，VOCs 废气的排放不单单会对空气产生严重污染影响，同时也有可能诱发更为重大的生态损害等问题。

4.7.3 污染物治理方法

VOCs 污染物处理技术分为物理和化学两类方法：物理法主要指吸附法、吸收法、冷凝法等；化学法主要是生物法、燃烧法、光催化法等方式氧化、分解VOCs 来进行去除。

4.7.3.1 燃烧法

用燃烧方法将有害气体、蒸气、液体或烟尘转化为无害物质的过程称为燃烧法净化，也称焚烧法。燃烧法净化所发生的化学反应主要是燃烧氧化作用及高温下的热分解。因此这种方法只适用于净化那些可燃的或在高温情况下可以分解的有害物质。对化工、喷漆、绝缘材料等行业的生产装置中所排出的有机废气，广泛采用燃烧净化的手段。燃烧法还可以用来消除恶臭。有机气态污染物燃烧氧化的结果，生成了 CO_2 和 H_2O，因而使用这种方法不能回收到有用的物质，但由于燃烧时放出大量的热，使排气的温度很高，所以可以回收能量。

4.7.3.2 吸收（洗涤）法

溶剂吸收法采用低挥发或不挥发性溶剂对 VOCs 进行吸收，再利用 VOCs 分子和吸收剂物理性质的差异进行分离。吸收效果主要取决于吸收剂的吸收性能和吸收设备的结构特征。含 VOCs 的气体由底部进入吸收塔，在上升的过程中与来自塔顶的吸收剂逆流接触而被吸收，被净化后的气体由塔顶排出。吸收了 VOCs 的吸收剂通过热交换器后，进入汽提塔顶部，在温度高于吸收温度或/和压力低于吸收压力时得以解吸，吸收剂再经过溶剂冷凝器冷凝后进入吸收塔循环使用。解吸出的 VOCs 气体经过冷凝器、气液分离器后以纯 VOCs 气体的形式离开汽提塔，被进一步回收利用。该工艺适用于 VOCs 浓度较高、温度较低和压力较高的场合。

吸收法净化硝基漆涂饰车间 VOCs

从某企业美式家具硝基漆涂饰车间的生产实际出发，利用既有亲水基又有亲油基的柠檬酸钠表面活性剂为吸收剂，对其涂装 A 线 11 根排风管内的混合 VOCs 废气进行治理。每根排风管道内废气质量浓度为 $230\sim550mg/m^3$，流量在 $16504\sim18919m^3/h$ 之间，产生的废气经车间内的水帘柜预处理后由排风管道排出，废气湿度较高，其组分主要包括乙酸仲丁酯、乙酸乙酯、乙酸正丁酯、甲苯、二甲苯、PMA、环己酮、癸烷及正十一烷等 11 种物质，其中，乙酸仲丁酯浓度最高，占总量的 $40\%\sim70\%$，甲苯和二甲苯的毒性最大。混合 VOCs 废气在引风机作用下进入喷淋吸收塔，经洗涤和雾化两级喷淋工艺处理后再通过活性炭进行吸附，其净化工艺流程如图 4-19 所示。

含漆雾和漆渣的混合 VOCs 废气在离心风机的作用下由塔底进入喷淋吸收塔，吸收液自塔顶喷淋而下，废气依次经两级喷淋后进入气水分离层，得到干燥与进一步净化；经喷淋吸收、气水分离后较为洁净的低浓度 VOCs 废气由离心风机引入吸附塔，通过固定床进行吸附，最终达标排放。

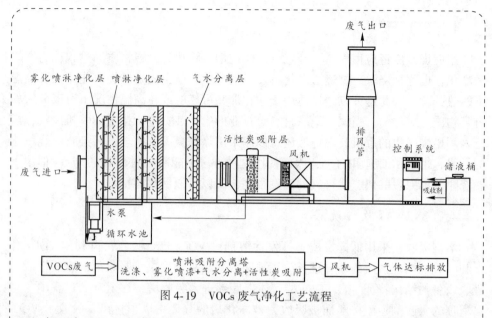

图 4-19   VOCs 废气净化工艺流程

每组喷淋由洗涤喷淋和雾化喷淋两路组成。洗涤喷淋主要用于去除 VOCs 废气中可溶性成分及漆雾、粉尘等，同时增加废气湿度，使气液两相接触更为充分；雾化喷淋通过增大气液两相接触面积，对 VOCs 废气进行雾化吸收，从而达到降解目的。

4.7.3.3   冷凝法

冷凝法利用物质在不同温度下具有不同饱和蒸气压的这一性质，采用降低温度、提高系统的压力或者既降低温度又提高压力的方法，使处于蒸气状态的污染物（如 VOCs）冷凝并与废气分离。该法特别适用于处理废气体积分数在 10^{-2} 以上的有机蒸气。冷凝法在理论上可达到很高的净化程度，但是当体积分数低于 10^{-6} 时，须采取进一步的冷冻措施，使运行成本大大提高。因此冷凝法不适宜处理低浓度的有机气体，而常作为其他方法净化高浓度废气的前处理，以降低有机负荷，回收有机物。如焦化厂用冷凝法回收沥青烟以消除污染；炼油厂、油毡厂氧化沥青尾气也先用冷凝法回收油，然后再送去燃烧净化。此外，高湿度废气也可用冷凝法使水蒸气冷凝，以减少气体量。

4.7.3.4   吸附法

含 VOCs 的气态混合物与多孔性固体接触时，利用固体表面存在的未平衡的分子吸引力或化学键作用力，把混合气体中 VOCs 组分吸附在固体表面，这种分离过程称为吸附法控制 VOCs 污染。吸附操作已广泛应用于石油化工、有机化工的生产部门，成为一种重要的操作单元。在大气污染控制领域，因为吸附剂的选择性强、能有效分离其他过程难以分开的混合物，以及能有效去除低浓度有毒有害物质而得以广泛应用。

4.7.3.5　生物法

VOCs生物净化过程的实质是附着在滤料介质中的微生物在适宜的环境条件下，利用废气中的有机成分作为碳源和能源，维持其生命活动，并将有机物同化为CO_2、H_2O和细胞质的过程。其主要包括如下5个过程，即VOCs从气相传递到液相，VOCs从液相扩散到生物膜表面，VOCs在生物膜内部的扩散，生物膜内的降解反应，代谢产物排出生物膜。简言之，是吸收传质过程和生物氧化过程的结合。前者取决于气液间的传递速率，后者则取决于生物的降解能力，即该方法针对水溶性好、生物降解能力强的VOCs具有较好的处理效果。

4.8　垃圾填埋场臭气治理工艺

4.8.1　恶臭气体的来源及主要成分

填埋场产生的恶臭气体主要来源于生活垃圾及其渗出液。恶臭气体的产生与垃圾成分有关，垃圾成分与城市经济发展程度、生活水平、食品结构有关。卫生填埋是一种厌氧填埋，在厌氧状态下微生物把有机物降解为以甲烷和二氧化碳为主的填埋气体和水，其中填埋气体除大部分甲烷和二氧化碳以外，还含有少量的恶臭气体，如氨气、硫化氢以及少量甲硫醇等；生活垃圾渗出液有强烈气味的氨气、硫化氢、甲硫醇等恶臭气体，除此之外，还有大量无色无味的甲烷。恶臭气体按其组成可分成含硫化合物、含氮化合物、卤素及衍生物、烃类及芳香烃、含氧化合物五类。

4.8.2　填埋场除臭工艺

4.8.2.1　焚烧法

焚烧法是通过强氧化反应降解可燃性恶臭物质的方法。它的去除效率高，恶臭气体被彻底分解掉，但设备易腐蚀，消耗燃料，成本高，可能形成二次污染。其主要用于去除高浓度、小气量、可燃气体。

4.8.2.2　化学除臭法

通过碱性药剂与酸性臭气分子中和反应形成无臭分子，可快速消除恶臭的影响，灵活性大，但恶臭气体物质并没有被去除，且需投加中和剂。化学除臭法适用于需立即、暂时地消除低浓度恶臭气体影响的场合。

4.8.2.3　等离子法

高反应活性的等离子体与臭气分子反应形成无臭分子，可去除密闭收集系统内的低浓度易氧化气体。等离子法只消耗电能就可除臭，但设备设计和质量要求高，设备稳定运行不易，投资大，维护保养难度大。

4.8.2.4　生物除臭法

生物除臭法是一种利用微生物降解恶臭气体而脱臭的方法。此法适用于中低浓度、大流量且可生物降解的恶臭气体。此方法效率高，装置简单，成本低，运行管理需要操作人员素质高，受环境影响大，后期维护工作量大。

4.8.2.5　光化学除臭法

利用光辐照活化各种气体分子加速恶臭分解反应达到除臭目的。光化学除臭法适用于密闭收集系统内的低浓度各种恶臭气体。其效率高，效果好，运行稳定。其对无机臭气效果较差，需设置臭氧装置，具有一定环境风险，管理要求高。

深圳市老虎坑垃圾填埋场渗滤液处理站除臭方案

老虎坑卫生填埋场分为一期、二期两部分，现一期已封场，二期仍在进行垃圾填埋。对于垃圾堆体表面只是采用了简单覆膜处理。填埋场配套渗滤液处理站一座，配置两个渗滤液调节池，每个尺寸：$50m \times 50m \times 8m$，虽然采取了密闭措施，但密封不彻底，局部地方有开口，池体和处理站周边恶臭明显。

填埋场渗滤液处理区臭气量约为 $75000m^3/h$，此部分恶臭气体，先进入生物处理系统处理后，再采用紫外光解除臭的方式进行除臭。其工艺流程如图 4-20 所示。紫外线/臭氧光解氧化技术是一种新型废气治理技术，其基本原理是：在高能紫外线照射下，使挥发性有机物（VOCs）产生开环和断裂等多种反应，降解转变成 CO_2、H_2O 等低分子化合物；同时利用高能紫外光照射空气中的氧气生成臭氧，臭氧吸收紫外线生成氧自由基 $O \cdot$ 和氧气 O_2，氧自由基 $O \cdot$ 与空气中的水蒸气作用生成一种更强的氧化剂——羟基自由基 $OH \cdot$，将醇、醛、羧酸等有机废气，彻底氧化为水、二氧化碳等无机物。

此外，还有其他改进措施：

（1）检查调节池盖的密封性，并进行封闭，增大对渗滤液调节池的抽气量，实现调节池不同区域均匀的负压抽气；

（2）增加检查设备，对系统进行定期维护，同时增加生物填料的数量以及提高喷洒的均匀性；

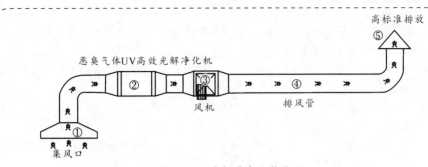

图 4-20　光解除臭工艺流程

（3）改变生物填料及布置结构，提高生物除臭的效率；

（4）增加生化处理区的臭气收集布置，将收集的臭气输送至附近的生物处理装置及紫外除臭装置进行处理。

思 考 题

4-1　目前常用的除尘技术有哪些？以其中之一为例说明其作用原理。

4-2　什么是干法脱硫、湿法脱硫？简述其基本原理及工艺流程。

4-3　SNCR 与 SCR 有何不同？各自的机理是什么？

4-4　什么是二氧化碳捕集？捕集原理是什么？捕集方式都有哪些？

4-5　常用的机动车尾气治理技术有哪些？

4-6　挥发性有机物有何特点？有哪些控制方法？

4-7　比较几种垃圾填埋场臭气治理措施的特点。

参 考 文 献

[1] 王俊民. 电除尘工程手册［M］. 北京：中国标准出版社，2007.

[2] 王纯，张殿印. 除尘设备手册［M］. 北京：化学工业出版社，2009.

[3] 朱建波. 电除尘器［M］. 北京：中国电力出版社，2010.

[4] 马广大. 大气污染控制技术手册［M］. 北京：化学工业出版社，2010.

[5] 蒋展鹏，杨宏伟. 环境工程学［M］. 北京：高等教育出版社，2013.

[6] 竹涛，徐东耀，于妍. 大气颗粒物控制［M］. 北京：化学工业出版社，2013.

[7] 张晖，吴春笃. 环境工程原理［M］. 武汉：华中科技大学出版社，2011.

[8] 燕中凯，刘媛. 国家重点环境保护实用技术及示范工程汇编［M］. 北京：中国环境出版社，2013.

[9] 郝吉明，马广大. 大气污染控制工程［M］. 4 版. 北京：高等教育出版社，2021.

[10] 葛介龙，张佩芳，周钧忠，等. 几种半干法脱硫工艺机理的探讨［J］. 环境工程，2005，

23(4)：49-52.

[11] 李函珂，党成雄，杨光星，等．面向二氧化碳捕集的过程强化技术进展 [J]．化工进展，2020，39(12)：4919-4939.

[12] 黄斌，许世森，郜时旺．环能北京热电厂CO_2捕集工业试验研究 [J]．中国电机工程学报，2009，29(17)：14-20.

[13] 郭斌，卞京凤，任爱玲，等．烧结烟气半干法脱硫灰理化特性 [J]．中南大学学报（自然科学版），2010，41(1)：387-392.

[14] 王文龙，崔琳，马春元．干法半干法脱硫灰的特性与综合利用研究 [J]．电站系统工程，2005，21(5)：27-29.

[15] 蒋文举，毕列锋，李旭东．生物法废气脱硝研究 [J]．环境科学，1999，20(3)：34-37.

[16] 胡满银，赵毅，刘忠．除尘技术 [M]．北京：化学工业出版社，2006.

[17] 岳菲菲，房姗姗．烟气同时脱硫脱硝技术进展研究 [J]．环境科学与管理，2016，41(4)：57-60.

[18] 安洪光．佟义英．赵荧，等．燃气电厂烟气CO_2捕集工艺实践 [J]．中国电力，2016，49(9)：175-180.

[19] 曾人宽．有机废气治理技术及其研究进展 [J]．化工设计通讯，2020，46(12)：156-157.

[20] 黄海鹏，李英，黄仁云．火力发电厂烟气生物脱硫技术简介 [J]．环境工程，2010，28(S1)：163-166.

5 固体废物处理

实习目的

本实习以生活垃圾卫生填埋场、垃圾焚烧厂、工业固体废物处理处置场为主要实习对象，使学生掌握固体废物的分级分类，了解各种处理方式的处理流程、技术原理与处理处置措施；在实习过程中，巩固已学知识，拓展实际工程知识面，提升实践能力。

实习内容

（1）了解垃圾分类和垃圾处理、处置的常见方法。

（2）了解城市垃圾转运系统的基本流程以及生活垃圾特点。

（3）掌握垃圾转运站处理流程与设备的内部结构及特点。

（4）掌握垃圾堆肥厂处理流程，主要处理单元原理和内部结构，掌握工作原理及技术性能指标。

（5）掌握垃圾填埋场工作原理及技术性能指标，防渗系统的结构与原理。

（6）了解危险废物的处理处置方法。

（7）了解垃圾防渗系统结构与原理。

固体废物，是指在生产、生活和其他活动中产生的丧失原有利用价值或者虽未丧失利用价值但被抛弃或者放弃的固态、半固态和置于容器中的气态的物品、物质，以及法律、行政法规规定纳入固体废物管理的物品、物质。

应当强调指出的是，固体废物的"废"具有时间和空间的相对性。在此生产过程或此方面可能是暂时无使用价值的，但并非在其他生产过程或其他方面无使用价值。

此外，固体废物还具有一些特性，如产生量大、种类繁多、性质复杂、来源分布广泛，并且一旦发生了由固体废物所导致的环境污染，其危害具有潜在性、长期性和不易恢复性。因此，其处理与处置一直受到各级政府、科技界、产业界和环境保护企业界的重视。

5.1 固体废物分类、收集、转运

固体废物具有产生量大、种类繁多、性质复杂的特性，处理起来非常困难，固体废物进行分类对于处理过程有重要意义。

固体废物的收集与转运是连接废物产生源和处理处置系统的重要中间环节，在固体废物管理和处理工程中占有非常重要的地位。

5.1.1 固体废物的分类

固体废物来源广泛，种类繁多，组分复杂，分类方法也有多种。为了便于管理，通常按其来源分类，在我国的《中华人民共和国固体废物污染环境防治法》中将固体废物分为城市生活垃圾、工业固体废物、危险废物、建筑垃圾、农业固体废物等五大类。它们的来源及其主要物质组成列于表 5-1。

表 5-1 固体废物的分类、来源和主要组成物

分类	来源	主要组成物
城镇生活垃圾	居民生活	指日常生活过程中产生的废物，如食品垃圾、纸屑、衣物、庭院修剪物、金属、玻璃、塑料、陶瓷、炉渣、碎砖瓦、废弃物、粪便、杂品、废旧电器等
	商业、机关	指商业、机关日常工作过程中产生的废物，如废纸、食物、管道、碎砌体、沥青及其他建筑材料、废汽车、废器具，含有易爆、易燃、腐蚀性、放射性的废物，以及类似居民生活厨房类的各类废物等
	市政维护与管理	指市政设施维护和管理过程中产生的废物，如碎瓦片、树叶、污泥、脏土等
工业固体废物	冶金工业	指各种金属冶炼和加工过程中的废物，如高炉渣、钢渣、铜铅镉汞渣、赤泥、废矿石、烟尘、各种废旧建筑材料等
	矿业	各类矿物开发、利用加工过程中产生的废物，如废矿石、煤矸石、粉煤灰、烟道灰、炉渣等
	石油与化学工业	指石油炼制及其产品加工、化学品制造过程中产生的固体废物，如废油、浮渣、含油污泥、炉渣、碱渣、塑料、橡胶、陶瓷、纤维、沥青、油毡、石棉、涂料、废催化剂和农药等
	轻工业	指食品工业、造纸印刷、纺织服装、木材加工等轻工部门产生的废物，如各类食品糟渣、废纸、金属、皮革、塑料、橡胶、布头、线、纤维、染料、刨花、锯末、碎木、化学药剂、金属填料、塑料填料等
	机械、电子工业	指机械加工、电器制造及使用过程中产生的废物，如金属碎料、铁屑、炉渣、模具、润滑剂、酸洗剂、导线、玻璃、木材、橡胶、塑料、化学药剂、研磨料、陶瓷、绝缘材料以及废旧汽车、冰箱、电视、电扇等
	电力行业	指电力生产和使用过程中产生的废物，如煤渣、粉煤灰、烟道灰等

分类	来源	主要组成物
农业固体废物	种植业	指作物种植生产过程中产生的废物，如稻草、麦秆、玉米秆、落叶、根茎、烂菜、废农膜、农用塑料、农药等
	养殖业	指动物养殖生产过程中产生的废物，如畜禽粪便、死禽死畜、死鱼死虾、脱落的羽毛等
	农副产品加工业	指农副产品加工过程中产生的废物。如畜禽内容物、鱼虾内容物、未被利用的菜叶、菜梗、稻壳、玉米芯、瓜皮、贝壳等
危险废物	核工业、化学工业、医疗单位、科研单位等	主要来自核工业、核电站、化学工业、医疗单位、制药业、科研单位等产生的废物，如放射性废渣、粉尘、污泥等，医院使用过的器械和产生的废物，化学药剂、制药厂废渣、废弃农药、炸药、废油等
建筑垃圾	工业建筑	指建设单位、施工单位新建、改建、扩建和拆除各类建筑物、构筑物、管网等
	民用建筑	指居民装饰装修房屋过程中产生的弃土、弃料和其他固体废物

中华人民共和国固体废物污染环境防治法

2020 年 4 月 29 日，十三届全国人大常委会第十七次会议表决通过《中华人民共和国固体废物污染环境防治法》，并于 2020 年 9 月 1 日起施行。新修改的《中华人民共和国固体废物污染环境防治法》（以下简称新《固废法》）对贯彻落实生态文明思想和党中央有关决策部署，推进生态文明建设，打赢污染防治攻坚战具有重大意义。新《固废法》具有以下 10 个亮点：

（1）应对疫情加强医疗废物监管；

（2）逐步实现固体废物零进口；

（3）加强生活垃圾分类管理；

（4）限制过度包装和一次性塑料制品使用；

（5）推进建筑垃圾污染防治；

（6）完善危险废物监管制度；

（7）取消固废防治设施验收许可；

（8）明确生产者责任延伸制度；

（9）推行全方位保障措施；

（10）实施最严格法律责任。

5.1.2　城市垃圾的收集与转运

生活垃圾收运是垃圾处理系统中重要的一个环节，其费用占整个垃圾处理系统的 60%～80%。生活垃圾收运并非单一阶段操作过程，通常需包括三个阶段。

第一阶段：从垃圾发生源到垃圾桶的过程，即搬运与储存（简称运储）。

第二阶段：垃圾的清除（简称清运），通常指垃圾的近距离运输。清运车辆沿一定路线收集清除储存设施（容器）中的垃圾，并运至垃圾转运站，有时也可就近直接送至垃圾处理处置场。

第三阶段：转运，特指垃圾的远距离运输，即在转运站将垃圾转载至大容量运输工具并运往远处的处理处置场。

后两个阶段需应用最优化技术，将垃圾源分配到不同的处置场，使成本降到最低。对生活垃圾的短途运输要求做到封闭化、无污水渗漏运输、低噪声作业、外形清洁、美观，提高车辆的装载量，以实现满载、清洁、无污染的垃圾收集运输。

5.1.2.1　垃圾的收集方式

现行的生活垃圾收集方式主要分为混合收集和分类收集两种类型。

A　混合收集

混合收集指未经任何处理的原生固体废物混杂在一起的收集方式，应用广泛，历史悠久。

它的优点是比较简单易行，运行费用低。但这种收集方式将全部生活垃圾混合在一起收集运输，增大了生活垃圾资源化、无害化的难度。

它的缺点有两点：首先垃圾混合收集容易混入危险废物如废电池、日光灯管和废油等，不利于对危险废物的特别环境管理，并增大了垃圾无害化处理的难度。其次，混合收集造成极大的资源浪费和能源浪费，各种废物相互混杂、黏结，降低了废物中有用物质的纯度和再利用价值，降低了可用于生化处理和焚烧的有机物资源化和能源化价值，混合收集后再分选利用又浪费人力、财力、物力。因此，混合收集被分类收集所取代是收运方式发展的趋势。

B　分类收集

分类收集是生活垃圾收集方式的重要内容之一，其定义为根据垃圾的不同成分及处理方式，在源头对生活垃圾进行分类收集。

这种方式可以提高回收物资的纯度和数量，减少需要处理的垃圾量，有利于生活垃圾的资源化和减量化，可以减少垃圾运输车辆、优化运输线路，从而提高生活垃圾的收运效率，并有效降低管理成本及处理费用。

自2000年中华人民共和国建设部确定将北京、上海、广州、深圳、杭州、南京、厦门、桂林等8个城市作为"生活垃圾分类收集试点城市"。然而多数城市经过近八年的多方努力，垃圾分类依然举步维艰。存在的主要问题有：市民对垃圾分类的意识不强、积极性不高；管理部门重视程度不够；城市拾荒者问题突出；缺少有力的政策扶持和配套的执行措施；法律体系不够健全等。住房和城乡建设部等 9 部门印发《关于在全国地级及以上城市全面开展生活垃圾分类工作的通知》规划，2019 年起，全国地级及以上城市全面启动生活垃圾分类工作，到 2020 年年底 46 个重点城市将基本建成垃圾分类处理系统，2025 年年底前全国地级及以上城市将基本建成垃圾分类处理系统。生活垃圾分类标志大类图形符号见表 5-2。

表 5-2 生活垃圾分类标志大类图形符号

序号	图形符号	含义	说 明
1		可回收物 Recyclable	表示适宜回收利用的生活垃圾，包括纸类、塑料、金属、玻璃、织物等
2		有害垃圾 Hazardous Waste	表示《国家危险废物名录》中的家庭源危险废物，包括灯管、家用化学品和电池等
3		厨余垃圾 Food Waste	表示易腐烂的、含有机质的生活垃圾，包括厨余垃圾、餐厨垃圾和其他厨余垃圾等
4		其他垃圾 Residual Waste	表示除可回收物、有害垃圾、厨余垃圾外的生活垃圾

上海市垃圾分类体系

作为首批生活垃圾分类收集试点城市之一，上海市早在 2000 年就在中心城区开展生活垃圾分类；2011 年，又在全市启动生活垃圾分类减量工作。2019 年 1 月 31 日，上海市十五届人大二次会议表决通过《上海市生活垃圾管理条例》，7 月 1 日正式实施，上海市生活垃圾分类实行"有害垃圾、可回收物、湿垃圾、干垃圾"四分类标准。2019 年 7 月 1 日，上海强制实施垃圾分类，分类指导员每天现场指导和督导生活垃圾投放，并逐步推行"绿色账户"垃圾分类奖励机制，引导、激励居民推进实施深入垃圾分类。

(1) 全面实行生活垃圾强制分类。

明确生活垃圾分类标准，实行"有害垃圾、可回收物、湿垃圾和干垃圾"四种分类标准。规范生活垃圾分类收集容器设置，本市居住小区、单位、公共场所应当按照规定，设置分类收集和存储容器。分类收集容器由生活垃圾分类投放管理责任人按照规定设置任务并稳步拓展强制分类实施范围。

(2) 严格执行生活垃圾分类收运。

全面实行分类驳运、收运。单位产生的有害垃圾应当交由本市环保部门许可的危险废物收运企业进行收运。居住小区产生的有害垃圾可采取预约收运或定期收运方式，由环卫收运企业采用专用车辆进行分类收运，可回收物可采取预约或定期协议方式，由经本市商务部门备案的再生资源回收企业或环卫收运企业收运，湿垃圾由环卫收运企业采用密闭专用车辆收运，做到"日产日清"；干垃圾由环卫收运企业采用专用车辆收运等。

(3) 大力增强生活垃圾末端分类处理能力。

加强生活垃圾处理设施的规划保障。建立完善垃圾无害化处理及资源化利用体系，形成生活垃圾全市"大循环"、区内"中循环"、镇（乡）"小循环"有机结合、良性互动的分类处理体系。

(4) 着力提升生活垃圾分类投放质量。

推行生活垃圾"定时定点"投放，深化绿色账户正向激励机制。加快推进居住区再生资源回收体系与生活垃圾分类收运体系的"两网融合"。推进源头垃圾分类投放点和再生资源交投点的融合，促进环卫垃圾箱房、小压站复合再生资源回收功能等。搞好大件垃圾收运服务，鼓励再生资源回收企业回收利用大件垃圾。结合建筑垃圾中转分拣设施建设，逐步建立大件垃圾破碎拆解体系，完善集贸市场垃圾分流体系，强化集贸市场垃圾的源头分类，鼓励有条件的集贸市场设置湿垃圾源头减量设施。结合湿垃圾收运及资源化利用体系建设，促进集贸市场垃圾的资源化利用等。

5.1.2.2　垃圾的清运方式

垃圾的清运方式分为两种：拖曳容器操作方法和固定容器操作方法。

A　拖曳容器操作方法

拖曳容器操作方法是指将某集装点装满的垃圾连容器一起运往转运站或处理处置场，卸空后再将空容器送回原处或下一个集装点，其中前者称为一般操作法，后者称为修改工作法。拖曳容器操作方法分为传统模式与交换容器模式，如图5-1和图5-2所示，每一模式均表明一辆收集运输车一个工作日内全部操作运行过程。

这种收集方法适用于垃圾产率较高的区域，优点是可以减少人工装、卸车时间，可以采取不同容积的容器，以适用于不同类型垃圾的装运。

这种收集方法的缺点是大型容器人工装卸时易导致较低的容积效率，因此需建造站台与装载坡道，以便压实。在远距离运送可压缩性废物时，容积利用率是影响操作费用的主要因素。

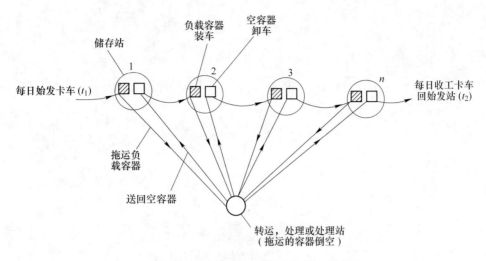

图 5-1 拖曳容器操作法的传统操作运行模式

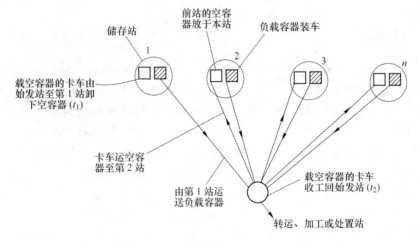

图 5-2 拖曳容器操作法的交换容器模式

B 固定容器操作方法

固定容器收集操作法是指用垃圾车到各容器集装点装载垃圾，容器倒空后放回原处，车子开到下一个收集点重复操作，直至垃圾车装满后运往转运站或处理处置场。收集车一般装有压实装置，待垃圾装满压实后，运送至处理中心或转运站。这种方法比较灵活多变、方便，车辆可大可小，但装卸工作卫生条件稍差。影响固定容器收集法成本的关键因素是一次行程中的装车时间。机械装车和人工装车时间长短不同。图 5-3 描述了固定容器操作模式，表明一辆收集运输车往返一次的全部操作运行过程。

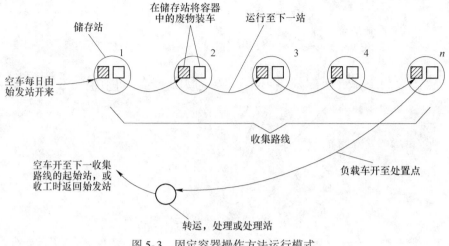

图 5-3　固定容器操作方法运行模式

马家楼分选转运站

（1）概述。

马家楼分选转运站位于丰台区花乡马家楼桥东侧，是北京环卫集团所属的三座大型垃圾转运站之一，厂区占地总面积为 2.24hm²，设计日处理能力 2000t。马家楼分选转运站是国家第一批大型自动化运行的固废分选设施，始建于 1997 年，1998 年正式开始使用，2007 年和 2015 年分别对设备进行了升级改造，2016 年实现生产区域全密闭负压运行。它建成投入使用后改变了传统的垃圾"搬家"处理模式，配合南宫堆肥厂、安定垃圾卫生填埋场组成了北京市西南线的垃圾处理系统，目前主要负责北京市东城区、西城区、大兴区、朝阳区的部分生活垃圾的分选和转运工作。它为北京市垃圾处理无害化、减量化、资源化发挥了积极的作用。

（2）垃圾转运站工艺流程。

当混合的原始垃圾进入马家楼分选转运站后，会经过以下过程：

1）称重计量。首先在地磅房进行称重计量，经引桥到达卸料平台将垃圾卸入料仓，再次进行称重计量实现双向称重。

2）卸入料仓。经过再次称重的垃圾，再经引桥到达卸料平台将垃圾卸入料仓。卸料过程是通过板式传送带，并设有紧急卸料口，以应对突发情况。

3）人工分选垃圾。垃圾经过仰角 30°皮带运至滚筒筛（一级筛），其间在皮带上有手工分拣，工作人员会检出大件垃圾。

4）机械分选垃圾。在滚筒筛内，粒径大于 80mm 的垃圾将被分离出，经过磁选将铁质垃圾回收利用，余下的一部分垃圾进入压缩箱进行压缩。

粒径大于 80mm 的粒径会经过风选，选出塑料，塑料会被制为塑料颗粒实现塑料的回收利用，粒径小于 80mm 的垃圾经过磁选，通过皮带进入振动筛，振动筛将垃圾分选为小于 15mm 和 15～80mm 之间。小于 15mm 的垃圾运往安定填埋场，作为覆盖土填埋；15～80mm 之间的垃圾因富含有机物，被运往南宫堆肥厂堆肥。

马家楼分选转运站工艺流程如图 5-4 所示。

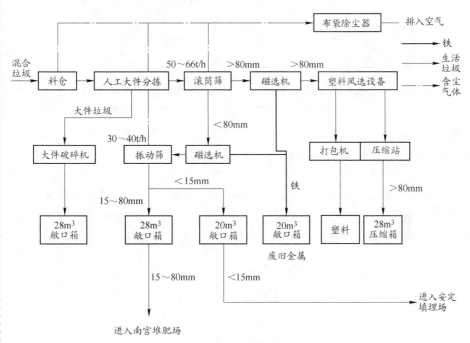

图 5-4　马家楼分选转运站工艺流程

5）防尘除臭。马家楼分选转运站是全国首家实现密闭化运行的转运设施。将整个生产区域进行密闭化处理，并采用当今国际上先进的除臭工艺，主要除臭技术手段包括生物复合除臭技术和等离子除臭技术。料仓周围设置风幕，利用内外压差挡住内部臭气逸出，同时加大站区周围除臭剂喷洒力度（且该除臭剂为植物除臭剂，对人体无害），以降低对周围环境的影响。与传统的除臭工艺相比较，全密闭除臭工艺可以实现臭气的集中收集、集中处理，并将臭气彻底消除掉，最终实现有组织达标排放。

6）节能环保。2007 年建设了污水处理和沼气利用系统。渗滤液日处理能力 60t，采用生化处理加膜处理工艺方法，渗滤液处理后用于厂区的冲刷和绿植浇灌。

5.2　生活垃圾填埋场

　　生活垃圾填埋场是采用卫生填埋方式下的垃圾集中堆放场地，因其成本低、卫生程度好在国内被广泛应用。同时填埋场还配有渗滤液处理设备，运行、管理及维护系统，填埋场填满后，最终要封场关闭。

　　填埋技术作为生活垃圾的最终处置方法，目前仍然是中国大多数城市解决生活垃圾出路的主要方法。

5.2.1　垃圾填埋场简介

5.2.1.1　卫生填埋概念

　　垃圾填埋又称为卫生填埋，卫生填埋是指对城市垃圾和废物在卫生填埋场进行的填埋处置，即利用工程手段，采取有效技术措施，防止渗滤液及有害气体对水体和大气的污染，并将垃圾压实减容至最小，填埋占地面积也最小。在每天操作结束或每隔一定时间用土覆盖，使整个过程对公共卫生安全及环境均无危害的一种土地处理垃圾方法。

　　卫生填埋通常是每天把运到填埋场的垃圾在限定的区域内铺散成 $40\sim75cm$ 的薄层，然后压实以减少垃圾的体积，并在每天操作之后用一层厚 $15\sim30cm$ 的黏土或粉煤灰覆盖、压实后就得到了一个完整的封场了的卫生填埋场。

5.2.1.2　卫生填埋场判断依据

　　卫生填埋场是否合格的主要判断依据有以下六条：
（1）是否达到了国家标准规定的防渗要求；
（2）是否落实了卫生填埋作业工艺，如推平、压实、覆盖等；
（3）污水是否处理达标排放；
（4）填埋场气体是否得到有效的治理；
（5）蚊蝇是否得到有效的控制；
（6）是否考虑终场利用。

5.2.1.3　填埋场选址

　　由于填埋场选址非常困难，一般填埋场合理使用年限不少于 10 年，特殊情况下不少于 8 年，但越长越好。填埋场场址应处于相对稳定的区域，符合相关标准的要求，并且尽量设置在该区域地下水流向的下游区。同时填埋场应有足够大的可使用容积，以保证建成后使用年限在 10 年及以上，特殊情况下不应低于 8 年；此外，填埋场场址的标高应位于重现期不小于 50 年一遇的洪水位之上。

填埋体垃圾的初始密度，因填埋操作方式、废物组成、压实程度等因素不同而异，一般介于 300~800kg/m³ 之间。在最终填埋之前，垃圾的分类收集和有用物质的回用将有效延长填埋场的使用年限，并对垃圾压实密度产生重要影响，图 5-5 为典型垃圾填埋场工作示意图。

图 5-5　典型垃圾填埋场示意图

5.2.1.4　填埋场的容积计算

填埋场库容和面积的设计除考虑废物的数量外，还与废物的填埋方式、填埋高度、废物的压实密度、覆盖材料的比率等因素有关。如果以当地土壤为覆盖材料，则垃圾与覆土材料之比为 (4∶1)~(5∶1)，但目前绝大部分填埋场采用膜覆盖，节省了大量填埋空间，也有利于控制蚊蝇和异味。压实后的垃圾容重为 500~800kg/m³。因此，垃圾卫生填埋场的容积可用下式计算：

$$V = 365WP/D + C \tag{5-1}$$

$$A = V/H \tag{5-2}$$

式中　V——垃圾的年填埋体积，m³；

　　　W——垃圾的产率，kg/(人·d)；

　　　P——城市人口数量，人；

　　　D——填埋后垃圾的压实密度，kg/m³；

　　　C——覆土体积，m³；

　　　A——每年需要的填埋面积，m²；

　　　H——填埋高度，m。

5.2.2　填埋场工程

卫生填埋场主要包括垃圾填埋区、垃圾渗滤液处理区（简称污水处理区）

和生活管理区三部分。图 5-6 为卫生填埋场剖面图。随着填埋场资源化建设总目标的实现,它还将包括综合回收区。

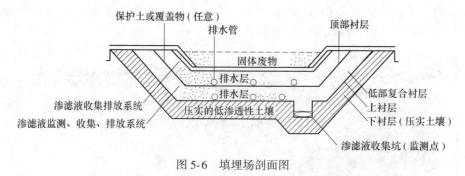

图 5-6 填埋场剖面图

5.2.2.1 卫生填埋场的建设项目

卫生填埋场的建设项目可分为填埋场主体工程与装备、配套设施和生产、服务设施三大类。

(1) 填埋场主体工程与装备包括场区道路、场地整治、水土保持、防渗工程、坝体工程、洪雨水及地下水导排、渗滤液收集处理和排放、填埋气体导出及收集利用、计量设施、绿化隔离带、防飞散设施、封场工程、监测井、填埋场压实设备、推铺设备、挖运土设备等。

(2) 配套设施包括进场道路、码头、机械维修、供配电、给排水、消防、通信、化验、加油、冲洗、洒水、节能减排等设施。

(3) 生产、生活服务设施包括办公、宿舍、食堂、浴室、交通、绿化等。

5.2.2.2 填埋工艺

垃圾运输进入填埋场,经地衡称重计量,再按规定的速度、线路运至填埋作业单元,在管理人员指挥下,进行卸料、推平、压实并覆盖,最终完成填埋作业。其中推铺由推土机操作,压实由垃圾压实机完成。每天垃圾作业完成后,应及时进行覆盖操作,填埋场单元操作结束后及时进行终场覆盖,以利于填埋场地的生态恢复和终场利用。此外,根据填埋场的具体情况,有时还需要对垃圾进行破碎和喷洒药液。典型工艺如图 5-7 所示。

由于填埋区的构造不同,不同填埋场采用的具体填埋方法也不同。比如在地下水位较高的平原地区一般采用平面堆积法填埋垃圾,在山谷型的填埋场可采用倾斜面堆积法,在地下水位较低的平原地区可采用掘埋法,在沟壑、坑洼地带的填埋场可采用填坑法填埋垃圾。实际上,无论何种填埋方法均由卸料、推铺、压实和覆土四个步骤构成,其余还包括杀虫等步骤。

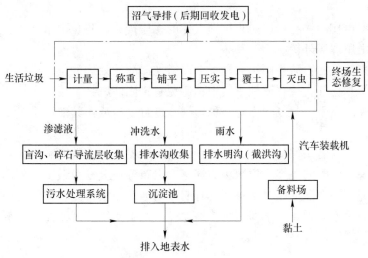

图 5-7 垃圾填埋场工艺流程

A 卸料

采用填坑作业法卸料时，往往设置过渡平台和卸料平台。而采用倾斜面作业法时，则可直接卸料。

B 推铺

卸下的垃圾的推铺由推土机完成，一般每次垃圾推铺厚度达到 30~60cm 时，进行压实。

C 压实

压实是填埋场填埋作业中一道重要的工序，填埋垃圾的压实能有效地增加填埋场的容量，延长填埋场的使用年限及对土地资源的开发利用；能增加填埋场强度，防止坍塌，并能阻止填埋场的不均匀性沉降；能减少垃圾空隙率，有利于形成厌氧环境，减少渗入垃圾层中的降水量及蝇、蛆的滋生，也有利于填埋机械在垃圾层上的移动。

D 覆土或膜覆盖

卫生填埋场与露天垃圾堆放场的根本区别之一就是卫生填埋场的垃圾除每日用一层土或其他覆盖材料覆盖以外，还要进行中间覆盖和最终覆盖。

日覆盖作用：改善道路交通，改进景观，减少恶臭，减少风沙和碎片（如纸、塑料等），减少疾病通过媒介（如鸟类、昆虫和鼠类等）传播的危险，减少火灾危险等。

中间覆盖常用于填埋场的部分区域需要长期维持开放（2 年以上）的特殊情况，要求覆盖材料的渗透性能较差，一般选用黏土等进行中间覆盖，覆盖厚度为

30cm 左右。

中间覆盖作用：将可以防止填埋气体的无序排放，防止雨水下渗，将层面上的降雨排出填埋场外等。

终场覆盖目的：防止雨水大量下渗而增加渗滤液处理的量、难度和投入；避免有害气体和臭气直接释放到空气中；避免有害固体废物直接与人体接触；防止或减少蚊蝇的滋生；封场覆土上栽种植被，进行复垦或作其他用途。

E 杀虫

当填埋场温度条件适宜时，幼虫在垃圾层被覆盖之前就能孵出，以致在倾倒区附近出现一群群的苍蝇。填埋场的蝇密度以新鲜垃圾处为最多，应作为灭蝇的重点。灭蝇药物中混剂相对于单剂具有明显的增效作用，但药物的使用会给环境带来一定的污染，因此需掌握药物传播途径，正确使用药剂，控制药剂污染，尽可能减少药剂使用。

安定垃圾卫生填埋场

（1）填埋场概况。

安定卫生填埋场（图5-8）位于北京市大兴区安定境内，始建于1996年，2008年3月进行扩建，占地面积为49.26公顷，填埋场总容积为1273.5万立方米，填埋堆体最终高度70m，设计日处理能力3000t，服务年限28年。按照《城市垃圾卫生填埋场处理工程项目建设标准》的规定，属于Ⅰ级Ⅱ类生活垃圾卫生填埋场。

图5-8 安定垃圾卫生填埋场现场图

填埋场采用卫生填埋方式对生活垃圾进行无害化处理，场底采用复合衬里结构防渗，堆体内设置渗沥液导排收集系统、填埋气收集系统；堆体边坡随增高进行覆盖绿化。场区配有完善的污染物治理和环境检测体系，有效避免了环境污染。

填埋场采用当前国内外领先技术实现资源的潜能开发和资源的最大化利用。填埋区产生的渗滤液经生化、膜处理后，用于场内绿化浇灌、道路冲刷；对处理过程中产生的浓缩液进一步提取腐殖酸，作为绿化用肥。填埋区产生的填埋气经收集、深度提纯后，进入独有的冷、热、电三联供系统为场内供电、供冷、供暖，实现了能量的梯级利用；充足的填埋气还可进入液化压装系统，制作高纯度清洁能源；安定卫生填埋场填埋气综合利用项目是国家发展改革委批准的国内第一个"清洁发展机制（CDM）"项目。

（2）工艺流程。

安定卫生填埋场工艺流程如图5-9所示。

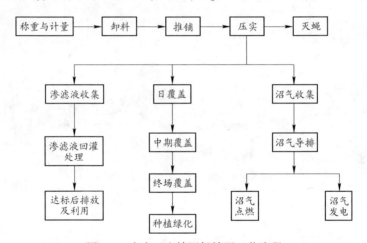

图5-9 安定卫生填埋场填埋工艺流程

1）称重计量：垃圾进入安定垃圾填埋场后，首先经过地磅称重计量（采用双向称重），然后放置在黑白交换区。

2）卸料：在黑白交换区，由场内作业车辆运至填埋区指定地点卸料。卸料时倾斜的垃圾要有序堆放，而且检查垃圾中有无异常垃圾。

3）摊铺：卸料后进行摊铺，利用上推法或下推法进行分层摊铺，且垃圾摊铺层厚度不应超过1m，0.6~0.8m为宜。

4）压实：摊铺后的垃圾使用专用压实机械压实，使垃圾摊铺层上面及侧面连续数遍被碾压到0.3~0.4m厚的垃圾。压实后排水坡度应大于3%。

5）覆盖：经过压实的垃圾将要进行覆盖。

6）灭蝇：覆盖后堆体应进行灭蝇工作，以6月份最重，采用人工与机械结合喷洒药物方式进行。

阿苏卫垃圾卫生填埋场封场工程

(1) 概况。

北京市阿苏卫垃圾填埋场（图 5-10）曾是北京最大的垃圾处理厂，原位于昌平区百善乡，现扩为昌平区小汤山镇。从 1986 年开始修建，1994 年投入运营，占地 26hm²，后扩为 60.4hm²，原设计垃圾填埋总量为 1200 万立方米，使用寿命 17 年，每日处理垃圾能力为 2000t，承担着北京市东城区、西城区的全部生活垃圾的处理任务，服务人口 200 余万人，但后来每天处理垃圾量达到 3500t，这些垃圾包括来自朝阳区、顺义区和昌平区的商业垃圾。该填埋场 2019 年 5 月停止接收垃圾，并于之后完成堆体全封闭和生态恢复工程。

图 5-10　阿苏卫垃圾填埋场现场图

(2) 封场创新措施。

阿苏卫填埋场是全国第一个将封场与填埋气导排利用和后续填埋作业相结合的封场工程，实现填埋库区全密闭作业。阿苏卫一层平台封场工程创新要点：

1）首次实现了填埋场库区的全覆盖（包括填埋库区、围堤道路、边坡等）。

2）通过实施全密闭工程，实现对填埋场产生的沼气的完全有序收集。

3）全密闭通过膜覆盖避免了雨水入渗，彻底降低渗滤液产生量，实现雨污完全分流。

4）在不间断实施填埋作业的填埋场，通过全密闭的分区膜覆盖，形成了数个相对独立的小填埋分区，填埋作业过程中可实现相互独立，垃圾暴露面小，雨水入渗率低。

5）作为国内首个实现填埋库区静态全密闭和填埋作业动态全密闭的工程，随着该项目的顺利建成和运行，其诸多的先进设计思想和可持续发展理念也得以付诸实现。

5.2.3 防渗系统

场底防渗系统是防止填埋气体和渗滤液污染并防止地下水和地表水进入填埋区的重要设施。场底防渗系统主要有垂直防渗系统和人工水平防渗系统两种类型。

5.2.3.1 垂直防渗系统

填埋场的垂直防渗系统是根据填埋场的工程、水文地质特征，利用填埋场基础下方存在的独立水文地质单元、不透水或弱透水层等，在填埋场一边或周边设置垂直的防渗工程（如防渗墙、防渗板、注浆帷幕等），将垃圾渗滤液封闭于填埋场中进行有控制地导出，防止渗滤液向周围渗透污染地下水和填埋场气体无控释放，同时也有阻止周围地下水流入填埋场的功能。

根据施工方法的不同，通常采用的垂直防渗工程有土层改性法防渗墙、打入法防渗墙和工程开挖法防渗墙等。目前，垂直防渗技术已经不再用于新建填埋场的防渗。

5.2.3.2 人工水平防渗系统

人工防渗是指采用人工合成有机材料（柔性膜）与黏土结合作为防渗衬层的防渗方法。根据填埋场渗滤液收集系统、防渗系统和保护层、过滤层的不同组合，一般可分为单层衬层防渗系统、单复合衬层防渗系统、双层衬层防渗系统和双复合衬层防渗系统。

在填埋场衬层设计中，高密度聚乙烯（HDPE）膜通常用于单复合衬层防渗系统、双层衬层防渗系统和双复合衬层防渗系统的防渗层设计，除特殊情况外，HDPE 膜一般不单独使用，因为需要较好的基础铺垫，才能保证 HDPE 膜稳定、安全而可靠地工作。图 5-11 为单层 HDPE 膜防渗示意图，图 5-12 为双层 HDPE 膜防渗示意图。

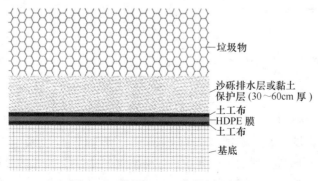

图 5-11 单层 HDPE 膜防渗示意图

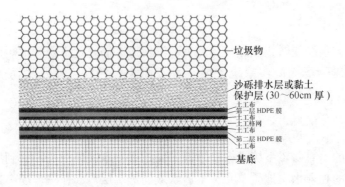

图 5-12　双层 HDPE 膜防渗示意图

5.3　生活垃圾堆肥

堆肥是利用含有肥料成分的动植物遗体和排泄物，加上泥土和矿物质混合堆积，在高温、多湿的条件下，经过发酵腐熟、微生物分解而制成的一种有机肥料。垃圾堆肥是指利用垃圾或土壤中存在的细菌、酵母菌、真菌和放线菌等微生物，使垃圾中的有机物发生生物化学反应而降解（消化），形成一种类似腐殖质土壤的物质，用作肥料并用来改良土壤。按照堆肥处理的原理可分为厌氧堆肥和好氧堆肥两种。

5.3.1　好氧堆肥

5.3.1.1　工艺原理

好氧堆肥是在有氧存在条件下，以好氧微生物为主，对垃圾中的有机物进行吸收、氧化分解的无害化处理方法。微生物通过自身的生命活动，把一部分被吸收的有机物氧化成简单的无机物，同时释放出可供微生物生长活动所需要的能量，另一部分有机物则被合成新的细胞物质，使微生物不断生长繁殖，产生出更多生物体。在有机物生化降解的同时，有热量产生，就必然造成堆肥物料温度升高，由此耐高温的细菌快速繁殖。

好氧堆肥过程伴随两次升温过程，可分为三个阶段：起始阶段、高温阶段、熟化阶段。

起始阶段：不耐高温的细菌分解有机物中易降解的碳水化合物、脂肪等，同时释放热量使温度上升，温度可达 $15\sim40℃$。

高温阶段：耐高温细菌迅速繁殖，在有氧繁殖条件下，大部分难降解的蛋白质、纤维等继续被氧化分解，同时释放出大量热能，温度上升至 $60\sim70℃$。当有机物基本降解完，嗜热菌因缺乏养料而停止生长，产热随之停止，堆肥温度随之下降。当温度稳定在40℃，堆肥基本达到稳定，形成腐殖质。

熟化阶段：冷却后的堆肥，一些新的微生物借助残余有机物（包括死后的细菌残体）而生长，完成堆肥过程。

好氧堆肥的关键就是如何选择和控制堆肥条件，促使微生物降解的过程能顺利完成。一般来说好氧堆肥要求控制的参数有含水率、供氧量、碳氮比、碳磷比、pH值。

5.3.1.2 好氧堆肥化工艺

好氧堆肥化工艺由前处理、主发酵（也可称为一次发酵、一级发酵或初级发酵）、后发酵（也可称为二次发酵、二级发酵或次级发酵）、后处理、脱臭及储存等工序组成。

A 前处理

生活垃圾中往往含有粗大垃圾和不可堆肥化物质，这些物质会影响垃圾处理机械的正常运行，降低发酵仓容积的有效使用，使堆温难以达到无害化要求，从而影响堆肥产品的质量。前处理的主要任务是破碎和分选，去除不可堆肥化物质，将垃圾破碎在12~60mm的适宜粒径范围。

B 主发酵

主发酵可在露天或发酵仓内进行，通过翻堆搅拌或强制通风来供给氧气，供给空气的方式随发酵仓种类而异。发酵初期物质的分解作用是靠嗜温菌（生长繁殖最适宜温度为30~40℃）进行的。随着堆温的升高，最适宜温度45~65℃的嗜热菌取代了嗜温菌，能进行高效率的分解，氧的供应情况与保温床的良好程度对堆料的温度上升有很大影响。然后将进入降温阶段，通常将温度升高到开始降低为止的阶段称为主发酵期。生活垃圾的好氧堆肥化的主发酵期为4~12d。

C 后发酵

碳氮比过高的未腐熟堆肥施用于土壤，会导致土壤呈氮饥饿状态。碳氮比过低的未腐熟堆肥施用于土壤，会分解产生氨气，危害农作物的生长。因此，经过主发酵的半成品必须进行后发酵。后发酵可在专设仓内进行，但通常把物料堆积到1~2m高度，进行敞开式后发酵。为提高后发酵效率，有时仍需进行翻堆或通风。在主发酵工序尚未分解及较难分解的有机物在此阶段可能全部分解，变成腐殖酸、氨基酸等比较稳定的有机物，得到完全成熟的堆肥成品。后发酵时间通常在20~30d。

D 后处理

经过二次发酵后的物料中，几乎所有的有机物都被稳定化和减量化。但在前处理工序中没有完全去除的塑料、玻璃、陶瓷、金属、小石块等杂物还要经过一道分选工序去除。可以用回转式振动筛、磁选机、风选机等预处理设备分离去除上述杂质，并根据需要进行再破碎（如生产精制堆肥）。也可以根据土壤的情况，将散装堆肥中加入 N、P、K 添加剂后生产复合肥。

E　脱臭

在堆肥化工艺过程中，会有氨、硫化氢、甲基硫醇、胺类等物质在各个工序中产生，必须进行脱臭处理。去除臭气的方法主要有化学除臭及吸附剂吸附法等。经济实用的方法是熟堆肥氧化吸附的生物除臭法。将源于堆肥产品的腐熟堆肥置入脱臭器，堆高为 0.8~1.2m，将臭气通入系统，使之与生物分解和吸附及时作用，其氨、硫化氢去除效率均可达 98% 以上。

F　储存

堆肥一般在春秋两季使用，在夏冬两季就需积存，因此，一般的堆肥化工厂有必要设置至少能容纳 6 个月产量的储藏设施，以保证生产的连续进行。

5.3.2　厌氧堆肥

厌氧堆肥也称"厌氧发酵堆肥"，是废物在厌氧的条件下通过微生物的代谢活动被稳定化，同时伴有甲烷和二氧化碳的产生。厌氧发酵时有机物的分解速度缓慢，制作堆肥需要数个月时间。发酵周期长、占地面积大，但产生的甲烷可收集作能源利用。

在厌氧条件下分解有机物的过程，可分为两个阶段：产酸阶段和产气阶段。由于厌氧堆肥应用较少，故不在此做过多介绍。

南宫生活垃圾堆肥厂

（1）概况。

南宫堆肥厂（图 5-13）位于大兴区瀛海镇，占地面积 6.6hm²。曾是全球最大的生活垃圾综合处理厂。南宫堆肥厂始建于 1996 年，1998 年开始试运行，原设计日处理能力为 400t/d，经过 2008 年、2009 年两次工艺改进，处理能力已经提升至 1000t 以上。南宫堆肥厂采用先进的强制通风隧道式好氧发酵技术处理垃圾，垃圾在发酵隧道内进行高温发酵，实现了垃圾处理的无害化。

（2）堆肥厂工艺流程。

南宫堆肥厂堆肥工艺流程如图 5-14 所示。

1）垃圾进场：进场垃圾（是用于堆肥的垃圾）密度一般为 350~650kg/m³，有机物含量在 20%~80% 之间，含水率在 40%~60% 之间。不包含建筑垃圾、工业垃圾和有毒有害垃圾。当堆肥垃圾在地磅房进行称重计量后，进入卸料仓。

图 5-13 南宫生活垃圾堆肥厂现场图

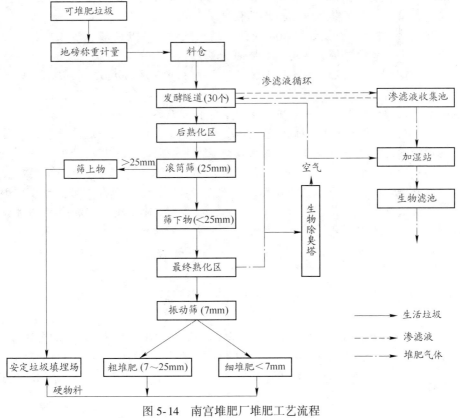

图 5-14 南宫堆肥厂堆肥工艺流程

2) 进料方法：经称重记录后的堆肥垃圾，在卸料仓末端设置了一个布料滚筒，然后进入中央传送带，中央传送带通过布料机为空隧道布料。

3) 隧道布料：隧道的进料通过两个由人工控制的可自动伸缩的布料机完成。布料机可以伸缩至隧道，也可以左右摇摆，使布料均匀。来自中转站的中等粒径垃圾料高不超过 2.5m。

4) 隧道发酵：南宫堆肥厂采用国际先进的好氧式高温堆肥发酵技术，垃圾在发酵舱内进行高温发酵。南宫堆肥厂共有30个4m宽，4m高，27m长的长酵仓，这里我们可以称之为隧道。垃圾在隧道中经过高温灭活，实现了无害化处理。

5) 熟化阶段：经过7d的隧道发酵，垃圾被传送至后熟化平台，进入熟化阶段。

6) 破碎筛分：通过10d的后熟化，垃圾由轮式装载机转运到安装在后熟化大厅的破碎机桶斗内，粉碎后通过螺旋，爬升皮带送至卸料斗内。然后通过爬升皮带机输送到滚筒筛内进行筛分。筛分成粒径大于25mm的筛上物及小于25mm的筛下物两部分。筛上物经各级传送带直接装箱后运往安定垃圾卫生填埋场进行填埋，筛下物被送到最终熟化区。

7) 最终熟化：垃圾经过10d的强制通风发酵，在此阶段，垃圾中的有机物得到了进一步的降解，实现了垃圾的减量化。

8) 机械筛分：经过最终熟化区产生的堆肥由装载机运送到弹跳筛筛分，经弹跳筛分选出细堆肥（粒径在7mm以下），粗堆肥（粒径在7~25mm），然后分别经过硬物料分选机将其中的硬物去除，以改善堆肥质量。

9) 渗滤液收集处理：堆肥过程中产生的渗滤液被引至渗滤液收集池，经过滤后回灌至发酵仓，多余渗滤液被输送至草桥粪便消纳站进行处理。

10) 除臭：发酵仓产生的臭气经过加湿后，引入生物过滤池进行除臭。生物过滤池使用的技术为木屑吸附除臭，平均2~3年更换一次木屑，为减少雨水等对生物过滤池的影响，对其进行加盖处理，同时在顶部增加除臭喷淋设备，更为有效地控制臭气。进料大厅采取风幕方式防止臭气散出。

5.4　垃圾焚烧

焚烧法是一种高温热处理技术，即以一定量的过剩空气与被处理的有机废物在焚烧炉内进行氧化燃烧反应，废物中的有毒有害物质在850~1200℃的高温下氧化、热解而被破坏，是一种可同时实现废物无害化、减量化和资源化的处理技术。

北京高安屯垃圾焚烧厂

(1) 焚烧厂概述。

北京高安屯垃圾焚烧有限公司是由国家发展改革委批准建设的北京第一家现代化的大型垃圾焚烧发电厂。厂址位于北京朝阳区垃圾无害化处理中心内，占地面积 46667m²，建筑面积 36793m²，对其服务范围内的生活垃圾进行最有效的减量化、无害化、资源化处理，可为朝阳区 200 多万城市人口提供环境卫生服务。

建设规模为日处理生活垃圾 1600t，装设 2 台日处理垃圾量 800t 的焚烧–余热锅炉，2 台 15MW 的凝汽式汽轮发电机组，设计年入炉处理生活垃圾 53.32 万吨，焚烧生活垃圾产生的热能经余热锅炉换热后进入汽轮发电机发电，设计年发电量 2.2 亿千瓦·时，年运行时间大于 8000h。焚烧厂工艺流程如图 5-15 所示。

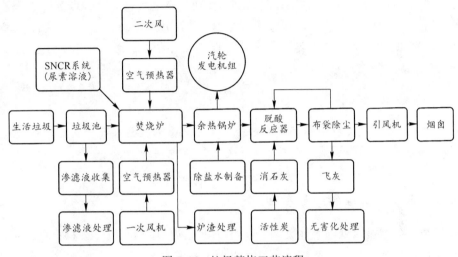

图 5-15　垃圾焚烧工艺流程

该垃圾焚烧有限公司引进国际最先进的设备和技术，垃圾焚烧炉系统采用日本田熊（TAKUMA）公司 SN 型炉排焚烧技术，该炉排为阶梯式（倾斜+水平）顺推炉排，具有良好的力学结构和性能，配备精密的供风系统及先进的 ACC 自动控制燃烧装置，使垃圾在 "3T+E" 的工况下充分燃烧，并使二噁英和 NO_x 得到有效控制。

余热锅炉采用单汽包水平（卧式）锅炉，烟气水平方向流动，热效率高。设置锤击式清灰器，强化过热器、省煤器及蒸发屏的清灰效果。

（2）生活垃圾预处理系统。

垃圾车经称重后，进入垃圾卸料台，将垃圾卸入垃圾池。进入垃圾池的生活垃圾，经一定时间脱水、发酵后，用垃圾吊抓斗充分混合搅拌均质化后，送入垃圾料斗。垃圾料斗的垃圾经推料装置定量地供给焚烧炉内的干燥炉排。

（3）焚烧炉系统。

焚烧炉还采用 SNCR 脱硝工艺，严格控制大气污染物的排放浓度。

被送至干燥炉排的垃圾，用高温一次风进行干燥着火的同时被送往燃烧炉排进行焚烧，燃烬炉排中残余的未燃成分被完全燃烧。焚烧炉内残余的炉渣经捞渣机冷却后输送至炉渣间，炉渣外运填埋处置或委托第三方建筑垃圾处理厂处置。

（4）烟气净化系统。

烟气净化系统采用 ALSTOM 技术，NID 烟气净化工艺。它由石灰储罐、活性炭储罐、飞灰储仓等主要设备组成，对焚烧炉排出烟气进行脱硫、脱硝（SNCR）、除尘、去除二噁英，烟气净化后产生的灰尘被送入灰仓，委托第三方有危废资质的企业罐车外运、处置，并公开转移量、转移去向等信息。

（5）发电系统。

焚烧产生的热量经余热锅炉换热后产生蒸汽，蒸汽进入汽轮发电机组进行发电，满足厂内设备需要电量后，剩余电量输至电网。

5.4.1　可焚烧处理的废物类型

焚烧法不但可以处理固体废物，还可以处理液体废物和气体废物；不但可以处理城市垃圾和一般工业废物，而且可以用于处理危险废物。危险废物中的有机固态、液态和气态废物，常常采用焚烧来处理。在焚烧处理城市生活垃圾时，也常常将垃圾焚烧处理前暂时储存过程中产生的渗滤液和臭气引入焚烧炉焚烧处理。

5.4.2　焚烧法的优点

焚烧法具有如下优点：

（1）无害化。垃圾经焚烧处理后，垃圾中的病原体被彻底消灭，燃烧过程中产生的有害气体和烟尘经处理后达到排放要求。

（2）减量化。经过焚烧，垃圾中的可燃成分被高温分解后，一般可减重80%、减容90%以上，可节约大量填埋场占地。

（3）资源化。垃圾焚烧所产生的高温烟气，其热能被余热锅炉吸收转变为蒸汽，用来供热或发电，垃圾被作为能源来利用，还可回收铁磁性金属等资源。

（4）经济性。垃圾焚烧厂占地面积小，尾气经净化处理后污染较小，可以靠近市区建厂，既节约用地，又缩短了垃圾的运输距离，随着对垃圾填埋的环境措施要求的提高，焚烧法的操作费用有望低于填埋的费用。

(5) 实用性。焚烧处理可全天候操作，不易受天气影响。

5.4.3 固体废物焚烧的控制因素

基本控制因素如下：

(1) 废物在焚烧炉中与空气接触的时间，即停留时间（t）。一般通过实验确定，确保垃圾通过氧化、燃烧变成无害物质。

(2) 废物与空气之间的混合量，即混合程度或湍流度（T）。反应系统要有良好的搅动、充分的氧气供给，确保废物燃烧完全，减少污染物质产生。

(3) 反应进行的温度（T）。大多数废物的焚烧温度在 $800 \sim 1100℃$，需要保持系统的操作温度足够高。

鲁家山生活垃圾焚烧发电厂

鲁家山垃圾焚烧发电厂（图5-16）位于北京市门头沟区潭柘寺镇，在2013年投入运行，是世界上单体一次投运规模最大的垃圾焚烧发电厂。日处理生活垃圾3000t，日最高接收4280t，约占北京市日产生活垃圾的1/6，处理城六区部分生活垃圾和石景山、门头沟全部生活垃圾。

图 5-16 鲁家山垃圾焚烧发电厂

鲁家山生活垃圾焚烧发电厂的主生产区由垃圾焚烧厂房、汽机厂房、主控厂房及相应的公辅设施组成。其中，焚烧厂房分垃圾卸料、储存、焚烧和烟气净化四部分；公辅设施由水处理系统、给排水系统、循环冷却水系统、点火及辅助油系统、污水及渗沥液处理系统、电气系统、热工控制系统和灰渣输送及处理系统构成。

在工艺设计上首次采用负压除臭工艺、烟气防白烟技术，彻底消除民众疑虑。厂区无臭味，大气、水和固体废物排放均达到《北京生活垃圾焚烧大气污染物排放标准》（DB 11/502—2007）和烟气排放标准欧盟 2000 的最严格标准。通过保持炉膛内温度大于 850℃，并控制烟气在炉膛内停留 2s 以上，辅以活性炭脱除的烟气处理工艺，将二噁英排放浓度控制在 0.1ng 以内，实现达标排放。

鲁家山垃圾焚烧发电厂不仅可以处理生活垃圾，还可以产生电能和热能，为居民服务。焚烧 1t 垃圾可以产生 360kW·h 电能，除了部分自用以外，其余 280kW·h 电全部输送到华北电网，为居民供电。按照年处理量 100 万吨计算，每年可以产生 3.6 亿千瓦·时电，输出 2.8 亿千瓦·时。焚烧垃圾的余热可以在厂内加热供暖管道，通过 4km 长的管道送往门头沟区潭柘寺镇的居民楼。

5.5　垃圾渗滤液处理

垃圾渗滤液是指垃圾在填埋和堆放过程中由于垃圾中有机物质分解产生的水和垃圾中的游离水、降水以及入渗的地下水，通过淋溶作用形成的污水。垃圾渗滤液是高污染废液，其水质相当复杂，一般含有高浓度有机物、重金属盐、SS 及氨氮，垃圾渗滤液不仅污染土壤及地表水源，还会对地下水造成污染，因此必须对垃圾渗滤液进行有效处理。

5.5.1　渗滤液的来源与特点

渗滤液是一种成分复杂的高浓度有机废水，水质和水量受现场多方面的因素影响。渗滤液水质的变化受垃圾组成、垃圾含水率、垃圾体内温度、垃圾填埋时间、填埋规律、填埋工艺、降雨渗透量等因素的影响，尤其受降雨量和填埋时间的影响。

雨水进入填埋场后，经与废物接触，使其中的可溶性污染物由固相进入液相，废物中的有机物在微生物的作用下分解产生的可溶性有机物（如挥发性脂肪酸等）也同时进入渗滤液，使得渗滤液中含有大量有机和无机污染物。

5.5.2　渗滤液收集系统与排放标准

渗滤液收集系统的主要功能是将填埋库区内产生的渗滤液收集起来，并通过调节池输送至渗滤液处理系统进行处理。渗滤液收集系统通常由导流层、收集沟、多孔收集管、集水池、提升多孔管、潜水泵和调节池等组成，如果渗滤液收集管直接穿过垃圾主坝接入调节池，则集水池、提升多孔管和潜水泵可省略，所有这些组成部分要按填埋场多年逐月平均降雨量（一般为 20 年）产生的渗滤液产出量设计，并保证该套系统能在初始运行期较大流量和长期水流作用的情况下运转而功能不受到损坏。

典型的渗滤液导排系统断面及其和水平衬垫系统、地下水导排系统的相对关系如图 5-17 所示。

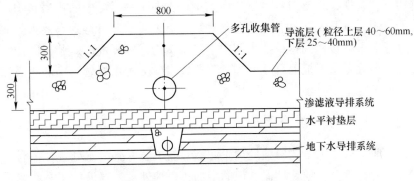

图 5-17 典型渗滤液导排系统断面图

生活垃圾填埋污染控制标准（GB 16889—2008）对生活垃圾填埋场从场址的选择、建设、运行与封场后的全过程中的污染控制提出了更加严格的要求。表 5-3 为新旧标准渗滤液处理后出水水质标准比较。

表 5-3 新旧标准渗滤液处理后出水水质标准比较

污染物	GB 16889—2008	GB 16889—1997		
		一级标准	二级标准	三级标准
BOD_5/mg·L^{-1}	30	30	150	600
COD/mg·L^{-1}	100	100	300	1000
氨氮/mg·L^{-1}	25	15	25	—
悬浮物/mg·L^{-1}	30	70	200	400
总氮/mg·L^{-1}	40	—	—	—
总磷/mg·L^{-1}	3	—	—	—
色度（稀释倍数）	40	—	—	—

5.5.3 渗滤液处理方法分类

渗滤液处理方法根据是否可以就近接入城市生活污水处理厂处理，相应分成两类，即合并处理与单独处理。

5.5.3.1 合并处理

合并处理是指将渗滤液引入附近的城市污水处理厂进行处理，这也可能包括在填埋场内进行必要的预处理。这种方案是以在填埋场附近有城市污水处理厂为必要条件，若城市污水处理厂是未考虑接纳附近填埋场的渗滤液而设计的，其所能接纳而不对其运行构成威胁的渗滤液比例是很有限的。

虽然合并处理可以略微提高渗滤液的可生化性，但由于渗滤液的加入而产生的问题却不容忽视，主要包括污染物质如重金属在生物污泥中的积累影响污泥在农业上的应用，以及大部分有毒有害难降解污染物质并没有得到有效去除而仅仅是稀释过程后重新转移到排放的水体中，进一步构成对环境的威胁，因此，目前国外相当一部分专家不提倡合并处理，除非城市生活污水处理厂增加三级深度处理的工艺。

5.5.3.2　单独处理

单独处理是指运用工艺单独处理渗滤液，而不合并到污水处理厂。合并处理法存在对环境的危害，随着环保意识的增加，单独处理渗滤液的工艺在目前得到了极大的重视。

垃圾渗滤液的单独处理技术包括物化法、生物法以及土地处理系统。

（1）物化法：一般用于预处理或者后处理，提高后续水质的生物处理效果以及保证达到排放标准。物化法主要有混凝沉淀法、氧化法、膜法、吸附法、氨吹脱法等。物化处理法不受水质水量等变化的影响，去除效果比较稳定，特别是膜法水处理技术在垃圾渗滤液处理中的应用，近年来在国内外得到越来越多的青睐。

物化法的缺点是处理费用比较高。相比之下，生物处理法比较经济，而且渗滤液中氨氮的去除通常需要采用生物法。因此，当前的垃圾渗滤液处理实际工程中特别是国内渗滤液处理基本都涉及生物处理工艺的应用。

（2）生物法：包括好氧、厌氧及两者相结合的方法。好氧法有传统的活性污泥法、生物膜法、生物滤池法、曝气稳定塘等，鉴于垃圾渗滤液的成分复杂、难生物降解以及中晚期垃圾渗滤液可生化性比较差，好氧工艺常常配合厌氧前处理。厌氧法包括厌氧生物滤池（AF）、上流式厌氧污泥床（UASB）等。

（3）土地处理法：在人工控制的条件下，通过土地-植物系统的生物和物化反应，使渗滤液得到净化。土地处理工艺有：慢速渗流系统（SR）、快速渗流系统（RI）、表面径流（OF）、湿地系统（WL）、地下渗滤土地处理系统（UG）及人工快滤系统（ARI）等。土地处理具有投资少、操作简单、运行费用低等优点，但对土壤和地下水安全有潜在威胁。

5.5.3.3　氨吹脱法

氨吹脱法采用物化法处理垃圾渗滤液。氨吹脱法是将渗滤液调节至碱性，然后在汽提塔中通入空气或蒸汽，通过气液接触将游离氨吹脱至大气中。一般渗滤液 C/N 较低，吹脱处理能够调节 C/N 比，降低后续渗滤液生化处理负荷，所以吹脱法是处理高浓度氨氮废水常用的前处理工艺。

深圳下坪垃圾填埋场渗滤液处理工艺

下坪填埋场位于深圳市罗湖区与布吉镇交界处的下坪谷地。场区三面环山，山岭海拔 221～445m。场址距离市区边沿约 1500m，首期工程服务半径 9km。场区占地面积共 149hm²，计划分三期建设：一期工程占地 63.4hm²，库容 1493×10⁴m³，服务年限 12 年；二期工程占地 55.8hm²，库容 1780×10⁴m³，服务年限 10 年，总服务年限达 30 年。图 5-18 为该垃圾填埋场现场图和污水调节池。

图 5-18　下坪固体废物填埋场 D 单元（a）和污水调节池（b）

该垃圾填埋场采用脱氨预处理+EGSB+TBIMB+NF 的工艺处理垃圾渗滤液，排放液达到《生活垃圾填埋场污染控制标准》（GB 16889—2008）的要求。氨吹脱效率的影响因素主要是温度、pH 值及气水比，要达到较高的氨吹脱效率一般要求温度不低于 25℃，pH 值高于 10，气水比在 3000 以上。

氨吹脱法存在如下问题：

（1）由于需要调节 pH 值，必须投加大量的碱。主要投加的碱有石灰或 NaOH，而 NaOH 价格比较高，且为了后续的生物处理，所需的 pH 值回调酸用量大，石灰相对比较便宜，但会导致吹脱塔结垢。研究表明，渗滤液中的有机配合物有加重吹脱塔结垢的问题，因此需要混凝前处理以去除渗滤液中有机配合物。

（2）为保证一定的吹脱效率，需要较高的气水比，处理费用偏高。

（3）氨吹脱只是将废水中的铵离子转化为游离氨，最后将之排放到大气中，如果排除的氨不经处理，将引起大气二次污染，大气中的氨氮通过气体沉积（60%）、气溶胶沉积（22%）、降雨（18%）等途径回归大地。因此氨吹脱工艺必须与氨气后处理工艺相结合。

（4）温度对氨吹脱影响较大，在低温情况下处理效果明显下降。

5.5.3.4　磷酸铵镁沉淀法

磷酸铵镁沉淀法也称化学沉淀法，是向渗滤液中投加镁盐和磷酸盐，使 NH_4^+ 生成难溶盐 $MgNH_4PO_4 \cdot 6H_2O$（简称 MAP），通过重力沉淀，达到去除氨氮的目的。磷酸铵镁沉淀法一般作为垃圾渗滤液的预处理，后续接生物法及其他物化法对氨氮的去除率可以达到 70% 以上。

优点：处理速度快、效果好，反应不受温度限制，同时形成的磷酸铵镁沉淀是一种复合肥料，可以作为结构制品的阻燃剂，实现废物资源化。从可持续的角度出发，磷酸铵镁沉淀法作为垃圾渗滤液的脱氮预处理将优于氨吹脱法。

缺点：磷酸铵镁沉淀法需要向原水中源源不断地投加镁盐和磷酸盐，而磷酸盐的价格昂贵，巨大的投加量是造成运行费用高的根本原因。一般采用 $MgO+NaH_2PO_4$ 或 $MgCl_2+NaH_2PO_4$ 两种方案投加药剂。前者所需反应时间长，去除效果没有后者好，但后者给系统带来大量盐类，影响后续生物过程，且需要投加 NaOH 调节系统 pH 值以达到后续生物处理适宜的 pH 值。现在已有学者提出可以将得到的磷酸铵镁回收并分解，以重新得到镁盐和磷酸盐，达到镁盐和磷酸盐的循环利用。此外，如果能找到价廉高效的铵盐沉淀剂，则磷酸铵镁化学沉淀法除氨将是一种技术可行、经济合理的方法。

5.5.3.5　上流式厌氧污泥床

上流式厌氧污泥床（UASB）反应器是荷兰 Wageningen 农业大学的 Lettinga 等人于 1973~1977 年间研制成功的，当时在实验室的试验研究中，60L 的上流式厌氧污泥床反应器的处理效能很高，有机负荷率高达 $10kgCOD/(m^3 \cdot d)$。

UASB 作为一种高效厌氧反应器，采用悬浮生长微生物模式，独特的气液固三相分离系统与生物反应器集成于一空间，使得反应器内部能够形成大的、密实的、易沉降颗粒污泥，从而在反应器内的悬浮固体可达到 20~30g/L。UASB 生物反应器的大小受工艺负荷、最大升流速度、废水类型和颗粒污泥沉降性能等的影响，一般通过排放剩余污泥来控制絮体污泥和颗粒污泥的相对比例，反应器的 HRT 一般在 0.2~2d 范围内，其容积负荷为 $2~25kgCOD/(m^3 \cdot d)$，耐冲击性好，对于不同含量污水具有较强的适应能力，随着运转及构筑物造价的下降，越来越得到人们的青睐。

UASB 反应器与其他大多数厌氧生物处理装置不同之处是：

（1）废水由下向上流过反应器；

（2）污泥不需要特殊的搅拌设备；

（3）反应器顶部有特殊的三相分离器。

优点：处理能力大，处理效率好，运行管理方便，性能比较稳定，构造比较简单便于放大。在第二代厌氧处理工艺设备中，UASB反应器在处理悬浮物含量低的高浓度有机废水方面应用最为广泛。

5.5.3.6 反渗透膜法

反渗透膜法（RO）分离技术在压力作用下可以去除垃圾渗滤液中的COD、悬浮物、有机物、重金属离子，同时可以去除氨氮等污染物，出水水质一般能够达到国家渗滤液一级排放标准。

膜处理技术最大的运行缺点是膜污染问题，一般膜片寿命都在3年以下。自从20世纪80年代末德国人发明了DT-RO（碟管式反渗透膜组件）膜组件，膜污染问题得到了很大改善，反渗透膜的使用寿命可长达3~5年，国外已有9年才更换膜片的工程实例。1988年德国首次出现采用碟管式反渗透装置处理Ihlenberg垃圾填埋场的渗滤液，COD和NH_3-N的去除率均在98%以上，浓缩液经蒸发进一步浓缩后，最终以发电厂的飞灰固化。

目前，DT-RO技术已在西欧、北美等地区243个垃圾填埋场中得到应用。近年来，国内也开始了膜处理技术在垃圾渗滤液方面的应用。重庆长生桥垃圾填埋场、上海黎明垃圾填埋场、北京阿苏卫垃圾填埋场、北京安定垃圾填埋场、沈阳老虎冲垃圾填埋场等已建成碟管式反渗透系统并投入运行。

南宫堆肥处理厂渗滤液处理工艺

南宫堆肥处理厂渗滤液采用集装箱式两级碟管式反渗透系统处理。工艺流程如图5-19所示。

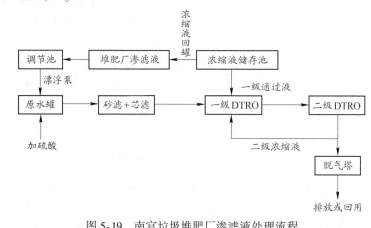

图5-19 南宫垃圾堆肥厂渗滤液处理流程

渗滤液从调节池由漂浮泵输送至原水罐。

(1) 调节 pH 值：加硫酸调节 pH 值防止碳酸盐类结垢。原水罐回流管路设置有 pH 传感器，PLC 判断原水 pH 值并自动调节计量泵的频率加以调整加酸量，调节原水 pH 值在 6.1~6.5。

(2) 砂滤器处理：然后经过砂滤器处理，去除大部分悬浮物、有机物、胶质颗粒、微生物、臭味及部分重金属离子。砂滤出水后进入芯滤。

(3) 二级 DTRO：经过二级 DRTO 处理，垃圾渗滤液中的 COD、悬浮物、有机物、重金属离子大部分被去除，同时可以去除氨氮等污染物。

(4) 清水脱气及 pH 值调节：渗滤液中含有一定的反渗透膜不能脱除的溶解性酸性气体，会导致 pH 值稍低于排放要求，设计采用脱气塔脱除透过液中溶解的酸性气体，pH 值可达到 6.0 以上。

5.5.3.7　膜生物反应器

膜生物反应器（MBR）是近年来国内外学者在水处理领域研究的一个热点。

MBR 是膜分离技术与生物处理法的高效结合，其起源是用膜分离技术取代活性污泥法中的二沉池，进行固液分离。渗滤液通过格栅动力自流进入好氧反应器，经好氧发生器处理过后的渗滤液通过管道进入 MBR 膜生物反应器，利用膜的过滤处理渗滤液。在生物反应器中保持高活性污泥浓度，提高生物处理有机负荷，从而减少污泥处理设施占地面积。并通过保持低污泥负荷减少剩余污泥量。主要利用沉浸于好氧生物池内之膜分离设备截留槽内的活性污泥与大分子有机物。

MBR 出水水质不如 RO、NF，但 MBR 的优势在于不产生浓缩液以及良好的脱氮除磷效果。MBR 一般由前置式反硝化、硝化反应器和分体式超滤单元组成，在该处理系统中污泥浓度可高达 15~35g/L，有机物容积负荷可达 0.3~2kgBOD/$(m^3 \cdot d)$，氨氮和有机氮去除效果可达 80% 以上。采用单体 MBR 膜通量下降较快，因此多增加前处理工艺。在工程应用上，MBR 在垃圾渗滤液处理方面已经得到了广泛的应用，与其他膜处理或活性炭吸附等工艺联用，出水效果也可以达到一级水平。

马家楼分选转运站渗滤液处理工艺

马家楼分选转运站日处理垃圾 2000t，在处理过程中产生的新鲜渗滤液，有机物 COD_{Cr} 浓度为 800~7800mg/L，日处理量为 60t/d，每日产生的渗滤液约占日进站量（垃圾）的 3.5%。渗滤液在处理前，原水 pH 值为 4.9~5.3，电导率为 8000S/m 左右，经过处理后，pH 值约为 7.1，电导率约为 4000S/m，COD_{Cr}

值小于 100。采用的工艺是中温厌氧+纳滤（部分），设计出水标准是 GB 16889—1997 三级。

马家楼分选转运站渗滤液处理工艺流程如图 5-20 所示。

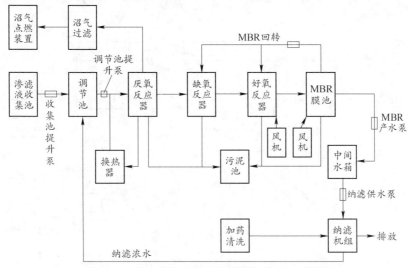

图 5-20 马家楼分选转运站渗滤液处理工艺流程

（1）渗滤液产生及收集：马家楼分选转运站在分选垃圾的过程中会产生渗滤液，这些渗滤液被导入渗滤液收集池进行统一处理。

（2）渗滤液调节：渗滤液经过收集池提升泵进入调节池，调节池主要调节渗滤液水量和水质、pH 值、温度等，之后由调节池提升泵进入厌氧发生器。

（3）厌氧反应阶段：厌氧微生物降解结构复杂的难降解有机物，产生沼气并散发热量，同时达到除磷的目的。

（4）缺氧反应阶段：经过厌氧处理的渗滤液进入缺氧发生器，进行反硝化过程，以达到去除 NO_3^-、脱氮的目的。

（5）好氧反应阶段：渗滤液进入好氧发生器，有机物被好氧菌进一步降解，达到去除 BOD、COD、SS 和磷的目的。

（6）MBR 膜生物反应器：经厌氧、缺氧、好氧处理过后的渗滤液进入 MBR 膜生物反应器，利用生物膜的渗透过滤技术，进一步处理，并加药清洗。MBR 膜生物反应器的出水由 MBR 产水泵打入中间水箱，以待处理。余下部分由 MBR 回流泵抽出，进入缺氧、好氧发生器继续处理。

（7）纳滤机组：MBR 膜生物反应器出水由纳滤供水泵进入纳滤机组，加药清洗，过滤难降解有机物，同时盐分通过膜得到排除。出水可直接排入城市下水管网，与城市生活活水一起再处理，产生的纳滤浓水进入调节池，继续处理，厌氧、缺氧、好氧发生器以及 MBR 产生的污泥被收集至污泥池另行处理。

安定垃圾卫生填埋场渗滤液处理工艺

　　填埋场的渗滤液首先进入调节池，再经过提升泵进入4个处理系列，分别是 A^2/O、MBR、NF、RO，完成生物降解和微生物分离作用。渗滤液处理过程如图 5-21 所示。

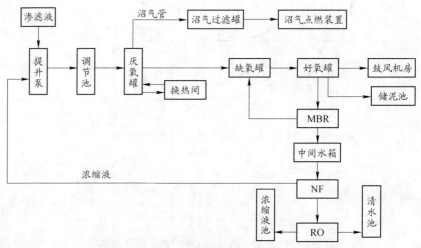

图 5-21　安定填埋场渗滤液处理工艺流程

　　(1) 厌氧阶段：渗滤液进入厌氧罐内，主要进行厌氧释磷和氨化作用，使渗滤液中的 BOD 下降。氨氮因细胞的合成而被去除一部分，此过程产生的沼气用于点燃、发电、供暖等。

　　(2) 缺氧阶段：在缺氧罐中，反硝化菌利用渗滤液中的有机物作为碳源，将回流混合液带入的 NH_3-N、NO_2-N 还原为 N_2，BOD 继续下降。硝酸氮含量大幅度下降。

　　(3) 好氧阶段：在好氧罐中，有机物生化降解，BOD 继续下降。有机氮被氨化继而被消化。使氨氮含量显著下降，硝酸氮含量增加。

　　(4) MBR 膜反应器：MBR 膜反应器通过膜分离净化水和菌体，对渗滤液中难降解的有机物进一步降解。

　　(5) 纳滤反应器：MBR 出水进入纳滤系统，进一步分离难降解较大分子有机物和部分 NH_4^+-N，纳滤系统的核心是通过抗污染浓缩分离膜，在 13bar (1.3MPa) 左右的压力下对污水进行浓缩分离。

　　(6) 反渗透膜：纳滤出水后经清液罐调节后进入反渗透系统，反渗透膜采用抗污染膜在 23bar(2.3MPa) 压力下浓缩出水达标，进入反渗透出水罐临时调节。

（7）污泥处置：系统运行中会产生一定量的剩余污泥和浓缩液，剩余污泥定期定量排入污泥池，上清液回流至调节池，污泥经污泥泵回灌填埋场处理。

（8）浓缩液处理：NF、RO 系统产生的浓缩液收集进入浓缩液池，通过液位控制浓缩液回灌泵进行回灌填埋区处理。

5.6 危险废物处理与处置

5.6.1 危险废物的定义与特性

危险废物是指列入国家危险废物名录或者根据国家规定的危险废物鉴别标准和鉴别方法认定的具有危险特性的固体废物。按照《中华人民共和国固体废物污染环境防治法》中危险废物的鉴别方法规定，固体废物经鉴别凡是具有腐蚀性、急性毒性、浸出毒性、反应性、传染性、放射性等一种或一种以上危害性的废物都叫作危险固体废物。

5.6.2 危险废物的处理与处置技术

危险废物处理技术的选择与诸多因素有关，如废物的组成、性质、状态、气候条件、安全标准、处理成本、操作及维修等条件。常用的处理方法仍归纳为物理处理、化学处理、生物处理、热处理和固化处理。

5.6.2.1 收集与运输

收集与运输的是为了把危险废物迅速地运送到中间处理设施或最终处置场，防止环境污染、保护环境。为了达到这一目的，应该遵守固废法及其相关法规的要求，并充分认识收集、运输的作用、注重废物从产生源的收集、运输到中间处理、最终处置场所的一系列输送环节。具体过程见 5.1.2 节。

产生单位在将危险废物运往处理、处置场所进行处理、处置之前必须进行适当的包装并贴有危险废物标签。此外，还应为运输车辆配备作业人员安全防护装备，如防毒面具、套鞋、塑胶手套、防护镜、急救设备和全身冲洗设备等。

5.6.2.2 废物储存

暂存是为待处理处置的危险废物、中间试验废物、待交换的危险废物或小量废物要积累到一定量后再进行处理的危险废物提供贮存空间。《危险废物贮存污染控制标准》（GB 18597—2001）对危险废物的贮存的一般要求、危险废物的包装、贮存设施的选址、设计、运行、安全防护、监测和关闭做了规定。

5.6.2.3　焚烧

与生活垃圾焚烧不同，危险废物焚烧的主要目的是将危险废物无害化和减量化，而不是资源化。通过燃烧氧化反应，危险废物中的有毒有害成分可以得到氧化处理，绝大多数有机危险废物可经过高温氧化分解而去除，病菌病毒也可在高温条件下杀死。经过焚烧处理以后，危险废物的体积或质量也可大大减少。焚烧法是一种适应范围比较广的危险废物处理方法，不但可以处理固体废物，也可以处理液体废物和气体废物；尤其适用于有机组分较多、热值高的危险废物，处理热值低的废物时，需要补充大量辅助燃料，因此运行费用较高。具体过程及原理见 5.4 节。

广西危险废物处置中心焚烧系统

广西危险废物处置中心焚烧系统于 2012 年 9 月投入试运行，其特点是医疗废物和危险废物混合掺烧，服务范围包括广西 14 个地市的全部危险废物（不包括放射性和其他地区医疗废物）和南宁市的医疗废物。处置中心的主要建设内容包括回转窑焚烧系统、物化处理设施、稳定固化设施、安全填埋场等，危险废物处理能力为 4.01 万吨/年。

焚烧系统包括储存及破碎系统、配伍系统、进料系统、焚烧系统（包括一次燃烧室、二次燃烧室、燃烧器）、余热利用系统、烟气净化系统（包括急冷、活性炭喷射、布袋除尘、脱酸、烟气加热等）、灰渣及飞灰收集系统、自动控制及在线监测系统及其他辅助系统。图 5-22 为焚烧的工艺流程图。焚烧系统采用回转窑作为主体；烟气净化系统包括急冷、活性炭喷射、布袋除尘、脱酸、烟气加热等，经过烟气处理后，烟气中的颗粒物、酸性气体、二噁英、重金属等污染物得以去除，从而使烟气达标排放。

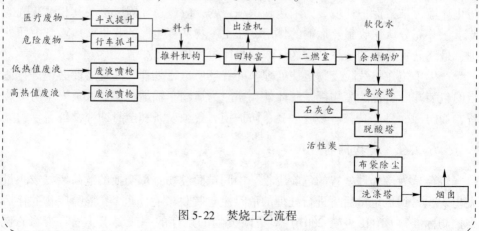

图 5-22　焚烧工艺流程

5.6.2.4 危险固体废物热解气化

固体废物热解是利用有机物的热不稳定性，在无氧或缺氧条件下高温 $500 \sim 1000 ℃$ 受热分解使之分解为气、液、固三类产物的过程。一个完整的热解工艺包括进料系统、反应器、回收净化系统、控制系统几个部分。

焚烧法与热解法是完全不同的两个过程。焚烧是放热的，焚烧的产物主要是二氧化碳和水；热解是吸热的，热解的产物是可燃的低分子化合物。

5.6.2.5 危险固体废物的固化/稳定化处理

危险废物固化/稳定化处理的目的是使危险废物中的所有污染组分呈现化学惰性或被包容起来，以便运输、利用和处置。稳定化过程一般是选用某种适当的添加剂与废物混合，来改变废物中有毒有害组分的赋存状态或化学组成形式，以降低废物的毒性、溶解性，减少污染物从废物到生态圈的迁移率。因而，它是一种将污染物全部或部分地固定于作为支持介质、黏结剂或其他形式的添加剂上的方法。固化过程则是一种利用添加剂（惰性基材）改变废物的工程特性（如渗透性、可压缩性和机械强度等）的过程。固化可以看作是一种特定的稳定化过程，可以理解为稳定化的一个部分，但从概念上它们又有所区别。无论是稳定化还是固化，其目的都是减小废物的毒性和可迁移性，同时改善被处理对象的工程性质。

固化处理的基本要求：固化产品应基本无害化，具有一定物理化学稳定性和力学性能；固化基料来源广泛，价格低廉；固化处理费用低；固化过程材料和能耗低，增容比低，工艺简单，便于操作。目前，常用的固化/稳定化方法主要包括水泥固化、石灰固化、自胶结固化、熔融固化（玻璃固化）、塑性材料固化、药剂稳定化等。危险废物经过固化/稳定化方法处理后，其固化体的浸出毒性如果超过国家标准，必须进一步做安全填埋处理；如果低于国家标准，则可以考虑综合利用。实践表明，自胶结法更适用于处理无机废物，尤其是一些含阳离子的废物。有机废物及无机阴离子废物则更适宜于用无机物包封法处理。

5.6.2.6 危险固体废物的安全填埋

危险废物的处理，无论采用何种技术，都会产生需要最终处置的残余物。安全填埋是常用的危险废物最终处置技术，也是环境风险比较高的技术。与生活垃圾卫生填埋场相比，危险废物安全填埋场的选址要求更为严格，但它们在选址准则与程序方面是基本一致的，具体内容见 5.2 节。

思 考 题

5-1　什么是固体废物？如何对固体废物进行分类？分类类别是什么？

5-2　什么是卫生填埋？进行卫生填埋的依据是什么？

5-3　简述好氧堆肥的工艺原理以及堆肥化的具体过程。

5-4　垃圾渗滤液如何产生？有何特点？具体的处理技术有哪些？

5-5　以图示表示垃圾渗滤液收集系统。

5-6　危险废物的处理与处置技术有哪些？

参 考 文 献

［1］赵由才. 生活垃圾卫生填埋技术［M］. 北京：化学工业出版社，2004.

［2］赵由才，牛冬杰，柴晓利. 固体废物处理与资源化［M］.3 版. 北京：化学工业出版
　　社，2019.

［3］蒋展鹏，杨宏伟. 环境工程学［M］. 北京：高等教育出版社，2013.

［4］廖利，冯华，王松林. 固体废物处理与处置［M］. 武汉：华中科技大学出版社，2010.

［5］彭长琪. 固体废物处理与处置技术［M］. 武汉：武汉工业大学出版社，2009.

［6］宁平，蒋文举，张承中. 固体废物处理与处置［M］. 北京：高等教育出版社，2007.

［7］陈昆柏，郭春霞. 危险废物处理与处置［M］. 郑州：河南科学技术出版社，2017.

［8］刘秀常，崔孝光，李中瑞. 安定垃圾卫生填埋场渗滤液处理和气体收集焚烧工程［J］.
　　给水排水，2005，31(8)：23-25.

［9］杨赟，齐丽红，刘敏，等. 北京阿苏卫垃圾卫生填埋场渗滤液的处理［J］. 中国电机工
　　程学报，2012，38(增刊)：59-62.

［10］杜巍，刘学建，于波，等. 纳滤膜在北京阿苏卫填埋场渗滤液改扩建工程中的应用
　　　［J］. 膜科学与技术，2010，30(1)：78-81.

［11］段文江，缪明飞，洪卫. 垃圾渗滤液处理工程实例［J］. 山东化工，2016，45(6)：
　　　147-150.

［12］蔡圃，潘翠，陈煦. 生活垃圾填埋场渗滤液处理工程实例［J］. 水处理技术，2016，42
　　　(7)：133-135.

［13］李文. 垃圾焚烧发电的绿色发展之道——北京鲁家山垃圾焚烧发电厂责任实践案例分析
　　　［J］.WTO 经济导刊，2017(4)：48-50.

［14］靳晓菲. 我国城市生活垃圾分类政策实施现状与改进对策［J］. 清洗世界，2020，35
　　　(12)：112-114.

6 噪 声 治 理

实习目的

通过在工业噪声为主要环境污染特征场地实习，了解噪声的产生原因、危害及控制技术，了解不同场地噪声控制标准，掌握具体的降噪设备处理原理及结构特点，为改良降噪设备提出可行性的建议。

实习内容

（1）了解不同企业噪声的产生及控制措施。

（2）掌握企业降噪设备（材料）的结构、特点、工作原理及技术性能指标。

（3）了解社会噪声、交通噪声的来源及治理措施。

随着近代工业的发展，噪声污染已经成为人类的一大危害。噪声的种类越来越多，污染强度也越来越大，几乎没有一个城市不受噪声的干扰和危害。因此对噪声进行治理，防止噪声的危害，是环境保护的重要任务之一。

6.1 噪 声 概 述

噪声对人的影响分为两种：听觉影响和心理-社会影响。听觉上的影响包括使听力丧失和干扰语言交流；心理-社会方面的影响包括引起烦恼、干扰睡眠、影响工作效率等。

6.1.1 噪声定义

噪声是指人们不需要的声音。噪声可能是由自然现象产生的，也可能是由人们活动形成的。噪声可以是杂乱无序的宽带声音，也可以是节奏和谐的乐音。当声音超过人们生活和社会活动所允许的程度时就成为噪声污染。在此主要了解工业噪声对人类的影响。

6.1.2 噪声来源

工业噪声主要来自工厂的各种机器和高速运转的设备，诸如金属加工机床、锻压、铆焊设备、燃烧加热炉、风动工具、冶炼设备、纺织机械、球磨机、发动机、电动机等产生的噪声；建筑工业的混凝土搅拌机、打桩机、推土机、风动工具、空压机、钻机等产生的噪声也在此范围。交通噪声是指交通工具运行时所产生的妨害人们正常生活和工作的声音。包括机动车噪声、飞机噪声、火车噪声和船舶噪声等。工业噪声与交通噪声不一样，它的影响一般是局限性的，地点固定，涉及范围较小，但总的强度大。社会生活噪声是指人为活动所产生的除工业噪声、建筑施工噪声和交通运输噪声之外的干扰周围生活环境的声音。

6.1.3　噪声危害

噪声对人体的影响是多方面的。50dB（A）以上开始影响睡眠和休息，特别是老年人和患病者对噪声更敏感；70dB（A）以上干扰交谈，妨碍听清信号，造成心烦意乱、注意力不集中，影响工作效率，甚至发生意外事故；长期接触90dB（A）以上的噪声，会造成听力损失和职业性耳聋，甚至影响其他系统的正常生理功能。听力损失在初期为高频段听力下降，语音频段无影响，尚不妨碍日常会话和交谈；如连续接触高噪声，病情将进一步发展，语言频段的听力开始下降，达到一定程度，即影响听清谈话。当出现了耳聋的现象时，已发生不可逆转的病理变化。

6.2　噪声控制技术

环境噪声污染由声源、传声途径和受主三个基本环节组成。因此，噪声污染的控制必须把这三个环节作为一个系统进行研究。降低声源的噪声辐射是控制噪声的根本途径。

6.2.1　在噪声声源处控制

从噪声源控制噪声，这是最积极、最根本的控制措施。方法如下：

（1）减少冲击力。许多机器和设备零件间会因强烈的碰撞而产生噪声，通常这些碰撞或撞击是机器工作所必需的。针对机器不同的特性可采用不同的措施。

（2）降低速度和压力。降低机器和机械系统运动部件的速度，可以使其运行更平稳，发出的噪声更小。同样，降低空气、气体和液体循环系统的压力和流速，可以减小紊流度，使噪声辐射减少。通过对声源发声机理和机器设备运行功能的深入研究，研制新型的低噪声设备，改进加工工艺，以及加强行政管理均能显著降低环境噪声。

（3）降低摩擦阻力。降低机械系统中转动、滑动和运动部件之间的摩擦，通常可以使运转更顺畅并降低噪声。同样，降低流体分配系统中的流动阻力也可以减少噪声。

（4）减少辐射面积。一般而言，较大的振动部件会发出较大的噪声。安静的机械设计的首要原则就是在不损害其运行和结构强度的情况下，尽可能减小噪声辐射的有效表面积。以上要求可通过制造较小的元件、移去过多的材料或除去元件中的开口、沟槽或穿孔部分来实现。例如，用线网或金属制品来代替机器上较大、易振动的金属薄板安全装置，可大大减小表面积，从而降低噪声。

（5）减少噪声泄漏。在很多情况下，通过简单的设计，将机器用外壳进行隔声或进行吸声处理，可以有效地防止噪声泄漏。

（6）消声器和弱声器。消声器和弱声器之间没有明显的区别，通常它们可以互用。事实上，它们都是声音过滤器，用于降低流体流动时产生的噪声。这些装置基本上分为两类：吸收消声器和反应消声器。吸收消声器降低噪声的方式主要由可吸收声音的纤维或多孔材料决定；反应消声器则由其几何形状决定，即通过反射或扩散声波，使产生的声波自身破坏而降低噪声。

6.2.2 在传声途中控制

声传播途径中的控制仍是常用的降噪手段。在噪声传递的路径上，设置障碍以阻止声波的传播，铺置吸声材料增加声能损耗，或者通过反射、折射改变声波的传播方向。在噪声控制工程中经常采用的有效技术有吸声、隔声、阻尼和隔振等。常见的吸声墙面（吊顶）、声屏障、隔声门（窗）、消声器和隔振地板等则是这些治理（控制）技术的具体应用。

6.2.2.1 吸声材料

在一个未做任何声学处理的车间或房间内，声源发出的声波遇到墙面、天花板、地面以及其他物体表面时会发生反射现象。接收者听到的不仅有从声源直接传来的直达声，还有经一次或多次反射形成的反射声。通常将一次或多次反射声的叠加称为混响声。由于直达声与混响声的叠加，使室内的噪声级提高了。如果用吸声材料或吸声结构装饰在房间内表面，房间内的反射声就会被吸收掉，这种利用吸声材料和吸声结构吸收声能以降低室内噪声的方法称作吸声降噪，简称吸声。这种控制噪声的方法就是吸声技术。

常用的吸声材料，如玻璃棉、矿渣棉、泡沫塑料、石棉绒、毛毡、木丝板、软质纤维以及微孔吸声砖等，大多是一些多孔性的吸声材料。图6-1所示为部分多孔吸声材料。

在这些材料的表面和内部有无数的细微孔隙，这些孔隙相互贯通并且与外界相通，其固体部分在空间组成骨架，称作筋络。当声波入射多孔吸声材料的表面时，可沿着对外敞开的微孔射入，并衍射到内部的微孔内，激发孔内空气与筋络

图 6-1　各种多孔吸声材料

发生振动。由于空气分子之间的黏滞阻力以及空气之间的摩擦阻力，使声能不断转化为热能而消耗；此外，空气与筋络之间的热交换也消耗部分声能，使反射出去的声能大大减少。吸声材料常用于录音棚、影音室、视听室、家庭影院等场所的降噪。图 6-2 所示为吸声材料在录音棚的应用。

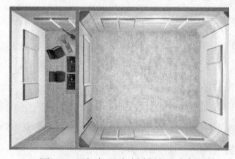

图 6-2　含有吸声材料的录音棚

6.2.2.2　隔声技术

隔声是噪声控制中最常用的技术之一，是指采用一定形式的围蔽结构隔绝噪声源声波并向外传播或隔绝声波传向接受者所在空间传播，从而达到降噪目的的方法。这种围蔽结构叫隔声结构。隔声结构有单层结构、由单层结构组成的双层结构以及轻质附和结构等形式。

隔声技术的主要应用有隔声墙和隔声罩。

A 隔声墙

隔声墙是在一间房子中用隔声墙把声源和接受区分隔开来，是一个最简单而实用的隔声措施。图6-3为一吸隔声式隔声屏障。

图6-3 吸隔声式隔声屏障

B 隔声罩

隔声罩是一种将噪声源封闭（声封闭）隔离起来，以减小向周围环境的声辐射，而同时又不妨碍声源设备的正常功能性工作的罩形壳体结构。隔声罩将噪声源封闭在一个相对小的空间内，其基本结构如图6-4所示。罩壁由罩板、阻尼涂层、吸声层及穿孔护面板组成。常用的隔声罩有固定密封型、活动密封型、局部开敞型等形式。

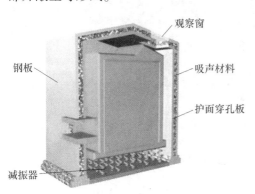

图6-4 隔声罩基本构造

隔声罩常用于车间内如风机、空压机、柴油机、鼓风、球磨机等强噪声机械设备的降噪。其降噪量一般在10~40dB之间。各种形式隔声罩A声级降噪量是：固定密封型为30~40dB，活动密封型为15~30dB，局部开敞型为10~20dB，带有通风散热消声器的隔声罩为15~25dB。

C 隔声屏

用来阻挡噪声源与受声点之间直达声的障板或帘幕称为隔声屏（帘）或声屏障，在屏障后形成低声级的"声影区"，使噪声明显减小。声音频率越高，声影区范围越大，图6-5所示为隔声屏障的示意图。

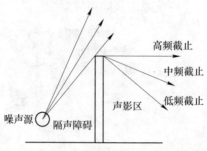

图6-5 隔声屏障示意图

对于人员多、强噪声源比较分散的大车间，在某些情况下，由于操作、维护、散热或厂房内有吊车作业等原因，不宜采用全封闭性的隔声措施，或者在对隔声要求不高的情况下，可根据需要设置隔声屏。此外，采用隔声屏障减少交通车辆噪声干扰，已是常用的降噪措施。一般沿道路设置5~6m高的隔声屏，可达10~20dB(A)的减噪效果。

设置隔声屏的方法简单、经济，便于拆装移动，在噪声控制工程中广泛应用。高速公路隔声屏障如图6-6所示。

图6-6 高速公路隔声屏障

6.2.2.3 消声技术

消声是一种既能允许气流顺利通过，又能有效阻止或减弱声能向外传播的装置，是降低空气动力性噪声的主要技术措施，主要安装在进、排气口或气流通过的管道中。一个设计合理、性能良好的消声器可使气流声降低20~40dB，是一种应用广泛的噪声控制技术。

对于通风管道、排气管道等噪声源,在进行降噪处理时既要考虑允许气流通过的同时,又要有效地阻止或减弱声能向外传播。这就需要采用消声技术——消声器。一个性能良好的消声器,可使气流噪声降低 20~40dB。消声器的种类很多,主要包括阻性消声器、抗性消声器、阻抗复合消声器、微孔板消声器、小孔消声器及有源消声器等。下面对阻性消声器和抗性消声器作简要介绍。

A 阻性消声器

阻性消声器是利用气流管道内的不同结构形式的阻性材料(多孔吸声材料)吸收声波能量,以降低噪声的消声器。阻性消声器是各类消声器中形式最多,应用最广的一种消声器。阻性消声器具有较宽的消声频率范围,尤其是在中、高频率消声性能更为明显。影响阻性消声器性能的主要因素有消声器的结构、吸声材料的特性、气流速度及消声器管道长度、截面积等。图 6-7 为阻性消声器。

B 抗性消声器

抗性消声器与阻性消声器的消声机理完全不同,它没有敷设吸声材料,因而不能直接吸收声能。抗性消声器是通过管道内声学特性的突变引起传播途径的改变,以此达到消声目的。抗性消声器的最大优点是不需用多孔吸声材料,因此在耐高温,抗潮湿,对流速较大、洁净度要求较高的条件下,均比阻性消声器有明显优势。抗性消声器用于消除中、低频率噪声,主要包括扩张式消声器和共振式消声器两种类型。图 6-8 为抗性消声器。

图 6-7 阻性消声器

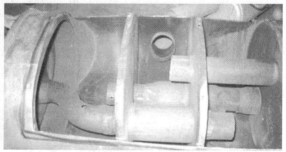

图 6-8 抗性消声器

6.2.2.4 隔振

振动是环境物理污染之一,从噪声控制角度研究隔振,只是研究如何降低空气声和固体声。将振源(即声源)与基础或其他物体的近于刚性连接改成弹性连接,防止或减弱振动能量的传播,这个过程叫隔振或减振。

隔振器一般可以分为隔振器、隔振垫和其他隔振装置。隔振器是一种弹性支撑元件,是经专门设计制造的具有单个形状、使用时可作为机械零件来安装的器件。最常见的隔振器包括弹簧隔振器、金属丝网隔振器、橡胶隔振器、橡胶复合隔振器以及空气弹簧隔振器等。

图 6-9 所示为金属弹簧隔振器，图 6-10 所示为橡胶隔振器。

图 6-9　金属弹簧隔振器

图 6-10　橡胶隔振器

隔振垫由具有一定弹性的软质材料如软木、毛毡、橡胶垫、海绵、玻璃纤维及泡沫塑料等构成。由于弹性材料本身的自然特性，除橡胶垫外，一般没有确定的形状尺寸，可在实际应用中根据需要来加工剪切。目前广泛应用的主要是专用橡胶隔振垫。

6.2.2.5　阻尼

降低噪声振动的方法之一是当振动系统本身阻尼很小，而声波辐射频率很高时，提高刚性，改变系统结构的固有频率；方法之二是当系统固有频率不可变动，或可变动但又引起其他构件的振动加大，这时普遍采用的方法是在振动的构件上铺设或喷涂一层高阻尼材料，或设计成夹层结构，这种方法称减振阻尼，简称阻尼。这种方法广泛应用在机械设备和交通工具的噪声振动中，如输气管道、机械防护壁、车体、飞机外壳等，常用的阻尼材料有沥青、软橡胶和阻尼浆等。

当金属板（或混凝土板）被涂上高阻尼材料后，金属板振动时，阻尼层也随之振动，一弯一直使得阻尼层时而被拉伸，时而被压缩，阻尼层内部的分子不断产生位移，并由于内摩擦阻力，导致振动能量被转化为热量而不断消耗，同时因阻尼层的刚度阻止金属板的弯曲振动，从而降低了金属板的噪声辐射。

某瓦斯发电站噪声治理工程

(1) 现场概况。

此瓦斯发电厂位于矿区内，建有一期和二期两个厂区。在电站的西侧和西北侧分别有矿区职工住宅。自电站运行以来，场内的燃气发电机组等设备运行时产生的噪声对厂内生产和维修环境及周围住宅区造成了一定程度的污染。根据测量，厂界绝大部分测点的噪声超过了《工业企业厂界环境噪声排放标准》（GB 12348—2008）中的Ⅲ类区限值（表6-1），厂界噪声最大达到了73.9dB(A)，超过了标准限值65dB(A)。电站周围住宅区的各个测点所测得的环境噪声在45~65dB(A) 之间，均不同程度超过了《声环境质量标准》(GB 3096—2008)中的一类区限值（表6-2）。

表 6-1 工业企业厂界环境噪声排放限值

（《工业企业厂界环境噪声排放标准》（GB 12348—2008））

等效声级 L_{Aeq}: dB(A)

厂界外环境功能区分类	昼间	夜间
0	50	40
Ⅰ	55	45
Ⅱ	60	50
Ⅲ	65	55
Ⅳ	70	55

表 6-2 环境噪声限值 （《声环境质量标准》(GB 3096—2008)）

等效声级 L_{Aeq}: dB(A)

类别		昼间	夜间	适 用 范 围
0		50	40	康复疗养区等特别需要安静的地区
1		55	45	以居民住宅、医疗卫生、文化教育、科研设计、行政办公为主的需要保持安静的地区
2		60	50	商业金融、集市贸易为主要功能，工业混杂区及商业中心区
3		65	55	以工业生产、仓储物流为主要功能，需要防止工业噪声对周围环境产生严重影响的区域
4	4a 类	70	55	高速公路、一级公路、二级公路、城市快速路、城市主干路、城市次干路、城市轨道交通（地面段）、内河航道两侧区域
	4b 类	70	60	铁路干线两侧区域

（2）瓦斯发电站的噪声源。

瓦斯发电站的噪声源有瓦斯发电机组、循环水泵、接力风机、冷却塔等，其中主要噪声源为瓦斯发电机组，瓦斯发电机组噪声主要来源于燃气发动机和发电机。

（3）噪声治理措施。

1）车间顶棚和墙壁吸声装置。

在车间内厂房顶棚和墙壁悬挂一定数量的空间吸声体，吸收一部分混响声的能量，减少声的反射。在空间布置上，空间吸声体的悬吊采用水平悬吊和垂直悬吊两种形式。在机组上方采用水平悬吊，在车间顶棚的中间部分采用垂直悬吊的形式。空间吸声体顶棚布置如图 6-11 所示，墙面吸声体布置如图 6-12 所示。

图 6-11　顶棚空间吸声体的悬挂方式　　　　图 6-12　墙面吸声体的悬挂方式

2）设置机组隔声屏。

由于机组四周空间位置的限制，机组临车间墙壁的一侧全是连接通道，无法设置声屏障，这样，可在机组临通道和机组的两侧设置 U 形声屏障。机组隔声屏外观如图 6-13 所示。

3）通风消声百叶窗。

为了减少车间内的噪声向外辐射，将现有的窗户全部更换为消声百叶窗。更换消声百叶窗后，窗外噪声由 94.6dB（A）降为 83.2dB（A），降噪效果明显。图 6-14 为安装的消声百叶窗形式。

4）多级组合式排烟消声器。

排烟系统噪声有三个部分：管壁透射噪声、安全阀排气噪声和排烟管口噪声。

图 6-13 机组隔声屏实物外观图

图 6-14 消声百叶窗

　　安全阀排气噪声可在安全阀外侧安装消声筒来解决，选择圆形阻性消声器。图 6-15 为安装的排气安全阀消声器。排烟管噪声可通过在排口设置消声器来降低排口噪声。原来的消声器无性能参数，降噪效果不清，现改为组合式阻抗复合消声器。更换后机组排烟消声器如图 6-16 所示。更换机组排烟消声器后，机组排烟噪声由 99.0dB（A）降为 68.4dB（A），降低了 30dB（A）以上。

图 6-15 排气安全阀消声器

图 6-16 更换后机组排烟消声器

　　5）发电机组基础隔振。

　　机组的底座通过地脚螺栓固定在土建基础上，机组与基础之间为刚性连接。燃气发电机组运行时的机体机械振动传给基础，机组四周有明显的震感。在机组和基础之间配置减振器可有效控制振动。机组减振处理后，固体振动传声的减噪量为 11.8dB（A），对周围总体噪声的影响可降低 2dB（A）。

（4）噪声治理效果。

将所有降噪措施全面应用到整个车间后，车间中心位置的噪声降低了87~90dB（A），基本达到了国家《工业企业设计卫生标准》（GBZ 1—2010）的要求（表6-3），而通过更换机组排烟消声器和通风消声百叶窗，车间外的噪声降低到了76dB（A）以下，从而使厂区内和厂界噪声得到了有效的控制。

表6-3　非噪声工作地点噪声声级设计要求（工业企业设计卫生标准（GBZ 1—2010））

等效声级 L_{Aeq}：dB（A）

地 点 名 称	卫生限值	工效限值
噪声车间观察（值班）室	≤75	
非噪声车间办公室、会议室	≤60	≤55
主控室、精密加工室	≤70	

6.2.3　在噪声接受点控制

受主控制就是采用护耳器、控制室等个人防护措施来保护工作人员的健康。这类措施适宜应用在噪声级较强、受影响的人员较少的场合。控制措施的选择可以是单项的，也可以是综合的。个人防护是一种经济而又有效的措施。常用的防声用具有耳塞、防声棉、耳罩、头盔等。它们主要是利用隔声原理来阻挡噪声传入人耳。

6.2.3.1　耳塞

耳塞是插入外耳道的护耳器，按其制作方法和使用材料可分成如下三类。

预模式耳塞：用软塑料或软橡胶作为材质，用模具制造，具有一定的几何形状。

泡沫塑料耳塞：由特殊泡沫塑料制成，佩戴前用手捏细，放入耳道中可自行膨胀，将耳道充满。

人耳模耳塞：把在常温下能固化的硅橡胶之类的物质注入外耳道，凝固后成型。良好的耳塞应具有隔声性能好、佩戴方便舒适、无毒、不影响通话和经济耐用等方面的性能，其中隔声性和舒适性尤为重要。

6.2.3.2　防声棉

防声棉是用直径 $1~3\mu m$ 的超细玻璃棉经过化学方法软化处理后制成的。使用时撕下一小块（约0.4g），用手卷成锥状，塞入耳内就可以了。这种防声棉的隔声比普通棉花效果好，且防声棉的隔声值随着频率的增加而提高，换言之，它对隔绝那些对人体危害很大的高频声更为有效。在强烈的高频噪声车间使用这种防声棉，发现它对语言通讯联系不但无妨碍，反而对语言清晰度有所提高。使用防声棉后使尖叫高频声被隔掉，互相交谈的语言声便较为清楚。

6.2.3.3 耳罩、防声头盔

A 耳罩

耳罩就是将耳廓封闭起来的护耳装置，类似于音响设备中的耳机。好的耳罩可隔声30dB。还有一种音乐耳罩，因为人是需要声音的，完全寂静反而使人不习惯，且对神经有害，这种耳罩既隔绝了外部强噪声对人的刺激，又能使人听到适量的美妙音乐。

B 防声头盔

图6-17为工人在工作期间佩戴防声耳罩。

图6-17 工人佩戴防声耳罩

防声头盔将整个头部罩起，与摩托车手的头盔相似，声音传入人耳有两条途径：一条是气传导，声波经外耳、中耳、再传入内耳，一般来说，这是声音传导的主要途径；另一条是骨传导，声波通过头颅直接传入内耳。头盔的优点是隔声量大，不但能隔绝噪声通过气传导对人造成危害，而且还可以减弱骨传导对内耳的损伤。其缺点是体积大，不方便，尤其在夏天或者高温车间会感到闷热。

6.3 常见设备防噪方案

6.3.1 风机设备防噪

风机的空气动力性噪声通过敞开的风机进风口或出风口以及风机的机壳向外界辐射出噪声。

风机的机械噪声主要是由轴承、皮带传动时的摩擦以及支架、机壳、连结风管振动而产生。此外，风机发生故障，如叶轮转动不平衡，支架、地脚螺栓、轴承的松动，轴的弯曲等都会产生强烈的噪声。

风机配用的电机的噪声主要有空气动力性噪声、电磁噪声和机械噪声。空气动力性噪声是由电机的冷却风扇旋转产生的空气压力脉动引起的气流噪声。电磁噪声是由定子与转子之间的交变电磁引力、磁致伸缩引起的。机械噪声主要是由轴承噪声以及转子不平衡产生振动引起的。电机噪声中以空气动力性噪声为最强。

风机噪声的治理应首先从降低声源噪声的积极措施着手，如选用低噪声风机、电机，提高风机的安装精度，做好风机的平衡调试等；然后再根据风机噪声的强度、特性、传播途径以及不同场所的要求，采取相应的措施予以治理。

6.3.1.1 进、出风口噪声的治理

风机在用作鼓（送）风时，进风口敞开在外，出风口与送风管连接，此时，进风噪声是主要的；风机用作排风时，进风口与风管连接，与上述相反，排风噪声是主要的。风机的进、排风噪声治理，可设置消声器予以解决。消声器应根据降噪要求、噪声强度、频谱特性以及系统阻力损失的情况进行设计和选用。

6.3.1.2 机壳噪声和电机噪声的治理

消声器仅能降低空气动力性噪声，风机的进、排风口安装了消声器后，可使进、排风口噪声降低 $20\sim30dB$，而风机的机壳噪声和电机噪声均没有降低。目前，控制机壳及电机的噪声主要采取隔声措施。实际上风机除维修、调节风量外，一般不需要操作人员长时间在机旁工作，这就为风机的隔声措施提供了可行的条件，也可将多台风机集中布置。

6.3.2 冷却塔的噪声

冷却塔的噪声在工厂中与其他设备装置的噪声相比并不突出。但一些中小型

工厂，其所选用的机械通风冷却塔和玻璃钢冷却塔多布置在厂界处，特别是一些科研单位、宾馆、影院等，由于其位置位于居民稠密区，因此冷却塔往往成为一个扰民的噪声源，在此着重进行论述。

6.3.2.1 风机降噪措施

风机的降噪可以采取以下措施：增大叶轮直径，降低风机转速，减小圆周速度。根据冷却塔的特点和节能要求，增大叶轮直径，减低出口动压，从而可以实现节能和降噪的要求。降低圆周速度，也是减小风机噪声的有效途径之一。

6.3.2.2 淋水噪声降低措施

降低淋水噪声的具体措施如下：

（1）增加填料厚度，改进填料布置形式，有利于降低淋水噪声。

（2）在填料与受水盘水面间悬吊"雪花片"（因其形状如雪花而得名，用高压聚乙烯横压成型），可减小落水差，使水滴细化，降低淋水噪声。

（3）受水面上铺设聚氨酯多孔泡沫塑料。这是一种专门用于冷却塔降噪用的新型材料，它既有一般泡沫塑料的柔软性，又有多孔漏水的通水性，可减小落水撞击噪声。

（4）进风口增设抛物线形状放射式挡声板，进风不受影响，而落水噪声则不会直接向外辐射。

6.3.2.3 设置声屏障

在冷却塔噪声控制工程中，声屏障是比较常用的降噪措施。但在冷却塔周围用声屏障，会带来一系列问题，必须注意以下三点：

（1）一般来说，增加声屏障将影响冷却塔正常进风，影响冷却效果，这就要看原来选用的冷却塔是否留有富余容量，否则慎用。

（2）冷却塔声屏障一般只能设置一个边，至多能 L 形布置。若噪声影响范围广，设置屏障的效果不尽理想。

（3）冷却塔声屏障高和宽的面积一般都很大，而且大都安装在高处，受风压力大，建造时要考虑原建筑是否牢固，有没有安装位置。

6.3.2.4 增设消声器

增设进排气消声器将影响通风效果，因此对消声器除了对消声量有要求外，通风阻力也要小。

某发电厂双曲线自然通风冷却塔噪声治理

（1）现场概况。

2005 年杭州某发电有限公司因厂区噪声严重扰民而被国家环境保护总局强迫停机整顿。此公司有两台与 3×390MW 燃气机组配套的大型双曲线自然通风冷却塔。在此主要介绍冷却塔噪声超标的噪声治理。

（2）冷却塔噪声来源。

自然通风冷却塔噪声主要有淋水噪声、布水噪声、空气对流噪声等。其中最主要的是下落的水流冲击水面产生的淋水噪声（水落到集水池时产生的声音），噪声通过冷却塔下部的进风口传出。

（3）冷却塔噪声特点。

根据实测，该公司 2 号冷却塔近场噪声主要集中在中高频成分，但随着传播距离的增大，其低频成分亦不能忽略。并且，厂界最大噪声昼间达 73.6dB（A）、夜间达 68.6dB（A）；居民住宅处（敏感点）最大噪声昼间达 73.4dB（A）、夜间达 65.4dB（A），实测噪声明显高于现行国家标准要求。

（4）治理方案。

根据《工业企业厂界环境噪声排放标准》（GB 12348—2008）以及杭州市的规定，该地区属于Ⅲ类区域，据此拟定此次噪声治理的目标为 GB 3096—2008 中Ⅲ类标准要求，即厂界和居民住宅处（敏感点）噪声值昼间不高于 65dB（A）、夜间不高于 55dB（A）。

根据现场实际情况及治理要求，最终确定在 1 号、2 号冷却塔正对北厂界和西厂界及 1 号塔西南侧设置隔吸声屏障，屏障位置在水塔水池边外 20m 处，屏障高 10m、长 410m。隔吸声屏障如图 6-18 所示。

图 6-18　3×390MW 机组冷却塔隔吸声屏障

(5) 噪声治理效果。

该公司厂区噪声综合治理完毕后，施工单位在冷却塔周围厂界和居民住宅处（敏感点）进行测试。测试结果表明，厂界和居民住宅处（敏感点）的噪声值均在55dB(A) 以下，达到 GB 3096—2008 中Ⅲ类标准的规定，业主和居民都十分满意。

思 考 题

6-1 什么是噪声？具有什么危害？

6-2 噪声控制技术有哪些？

6-3 常用的吸声材料有哪些？并说明它是如何进行吸声的。

6-4 结合你身边的降噪措施，简要说明其作用机理。

参 考 文 献

[1] 顾强. 噪声控制工程（第49卷）[M]. 北京：煤炭工业出版社，2002.

[2] 刑世录，包俊江. 环境噪声控制工程 [M]. 北京：北京大学出版社，2013.

[3] 蒋展鹏，杨宏伟. 环境工程学 [M]. 北京：高等教育出版社，2013.

[4] 康立刚. 发电厂双曲线自然通风冷却塔的噪声治理 [J]. 工程应用，2007(7)：49-51.

[5] 熊洪斌，臧春新. 城市综合体典型噪声源噪声影响预测与控制技术研究 [J]. 科学技术与工程，2016，16(16)：155-161.

[6] 唐兆民. 噪声污染的现状、危害及其治理 [J]. 生态经济，2017，33(1)：6-9.

[7] 黄功俊，郭文成，闵鹤群. 大型机力通风冷却塔噪声控制设计 [J]. 环境工程学报，2017，11(8)：4874-4880.

[8] 成昆. 噪声污染治理问题与控制技术的探讨 [J]. 资源节约与环保，2019(6)：91，95.

7 环 境 监 测

实习目的

环境质量监测和污染企业监测实习是很重要的实践环节。通过实习可以对我国水环境、大气环境、土壤环境、噪声环境和固体废物排放等有初步了解，结合我国环境功能区划分，对照我国环境监测相关标准、技术规范与指南等，了解与熟悉环境监测中水、大气、噪声、土壤等监测的布点、监测项目、采样、分析与检测的技术方法等；同时通过对我国典型污染行业部分企业的参观实习，结合污染物相关国家或者行业排放标准，了解与熟悉污染企业中环境监测所涉及的监测项目、采样点位、采样方法、分析与检测的技术等。

实习内容

(1) 了解环境监测的性质、重要性和一般工作流程。
(2) 熟悉水环境监测包含的主要内容以及指标检测方法等。
(3) 熟悉大气环境监测包含的主要内容以及指标检测方法等。
(4) 熟悉土壤环境监测包含的主要内容以及指标检测方法等。
(5) 了解污染企业主要污染物的采样和检测方法。
(6) 了解目前环境监测技术水平、动态和发展前沿。

7.1　基本概念和含义

7.1.1　环境监测含义

环境监测一般分为环境质量监测和污染源监测。

7.1.1.1　环境质量监测

环境质量监测主要是指运用现代科学技术手段对代表环境污染和环境质量的各种环境要素（环境污染物）的监视、监控和测定，从而科学评价环境质量状况及其变化趋势的操作过程。环境监测是环境保护、环境质量管理和评价的科学依据，也是环境科学的一个重要组成部分。

7.1.1.2　污染源监测

污染源监测是指为准确掌握向环境排放污染物的各类污染源的排污程度，采用遥感、自动和手工等科学的检测方法，对污染源有组织及无组织排污状况进行的监测活动。

7.1.2　环境监测系统组成

7.1.2.1　环境质量监测内容

环境质量监测的内容一般分为水环境、空气环境、声环境、土壤环境、生态环境的监测。其中水环境又分为地下水、地表水和海水监测，声环境分为功能区监测和道路监测。

7.1.2.2　污染源监测内容

污染源监测内容一般分包含废水监测、废气监测、噪声监测和固废监测。其中，废气监测主要包括对燃煤锅炉、工业炉窑和其他有毒有害气体排放的废气进行监测；废水监测主要包括对工业废水、污水处理厂和垃圾填埋场排放的废水进行监测；噪声监测主要包括对工业噪声、社会噪声、机场噪声和铁路噪声进行的监测；固废监测主要是指对污水处理厂产生的底泥、工业企业产生的固体废物进行的监测。

7.1.2.3　环境监测组成

环境监测的过程一般为现场调查和收集资料、监测方案制订、样品采集、样品运输和保存、样品的预处理、分析测试、数据处理、综合评价等。在明确监测目的的前提下，监测方案由以下几方面组成：采样方案，包括设计网点、采样时间、采样频率、采样方法、样品的运输、样品的储存、样品的处理等；分析测定方案，包括监测方法的选择、监测操作、制定质量保证体系等；数据处理方案，包括数据处理方法、监测报告、综合评价等。

7.1.3　环境监测发展趋势

随着科技进步和环境监测的需要，环境监测在发展传统的化学分析技术基础上，发展高精密度、高灵敏度，适用于痕量、超痕量分析的新仪器、新设备，同时研制发展了适用于特定任务的专属分析仪器。计算机在监测系统中的普遍使用，使监测结果快速处理和传递，使多机联用技术广泛采用，扩大仪器的应用、使用效率和价值。发展大型、连续自动监测系统的同时，发展小型便携式仪器和现场快速监测技术。广泛采用遥测遥控技术，逐步实现监测技术的智能化、自动化和连续化。

7.2　水环境监测内容

水环境监测包括水环境质量监测和废水排放源监测。水环境质量监测包括对河流、湖泊、海水和地下水的监测；水污染源排放监测主要是对污染企业和污水处理厂外排口废水的监测。目前，我国已经建成国家水质自动监测系统与网络。

国家水质自动监测系统与网络

生态环境部（原国家环保总局）于1999年9月开始，在我国部分主要流域开展了地表水水质自动监测站的试点工作，并分别在松花江、淮河、长江、黄河及太湖流域的重点断面建设了10个水质自动监测站。在试点的基础上，从2000年9月份开始，经过"十五""十一五"十年的努力，陆续在松花江、辽河、海河、黄河、淮河、长江、珠江、太湖、巢湖、滇池流域等十大流域的重点断面以及浙闽河流、西南诸河、内陆诸河、大型湖库以及国界出入境河流上建成了149个水质自动监测站。初步形成了覆盖我国主要水体的水质自动监测网络。

实施地表水水质的自动监测，可以实现水质的实时连续监测和远程监控，及时掌握主要流域重点断面水体的水质状况，预警预报重大或流域性水质污染事故，解决跨行政区域的水污染事故纠纷，监督总量控制制度落实情况。并在中国环境监测总站网站发布水质自动监测的实时数据和全国主要流域重点断面水质自动监测周报。自动监测数据由控制系统自各台分析测试仪器上采集存储之后通过VPN方式传送到各水质自动站的托管站和中国环境监测总站。通过互联网实现实时发布。托管站也可以通过VPN和电话拨号两种通信方式实现对所托管子站的实时监视、远程控制及数据采集。各省环境监测中心站及其他经授权的部门也可随时从总站的数据库中调阅各水站的历史监测数据。与常规水质监测相比较，水质自动监测的监测频次高、监测结果传输及时，除便于环境管理系统及时掌握水环境质量外，还可根据需要形成日报、周报等各种形式的报告。

7.2.1　监测资料的收集

水环境现状调查和资料收集，除调查收集水污染排放情况外，还需要了解这些企业的排污情况，周边河流、湖泊水体的用途和有关水污染源及有关受纳水体的情况等，主要包括以下几个方面：

（1）调查水体的当前和历史水质情况、功能区划分，水功能目标类别等。

（2）调查水体周边主要污染源、污染企业、企业类型、污水性质、污水类型、排放去向、排水量等。

（3）调查水体周边污水处理厂处理工艺、出水指标、排水量等。

（4）调查周边土地功能与利用情况、农药化肥施用情况以及其他面源污染等。

（5）调查周边人口、经济、社会以及民众健康情况。

7.2.2　监测项目

7.2.2.1　地表水环境质量监测项目

地表水环境质量监测项目和分析方法依据《地表水环境质量标准》（GB 3838—2002）进行，包含基本监测项目 24 项，集中式生活饮用水地表水源地补充项目 5 项，集中式生活饮用水地表水源地特定项目 80 项。

其中地表水常规 24 项指标包括：水温、pH 值、溶解氧、高锰酸盐指数、生化需氧量（BOD$_5$）、化学需氧量（COD$_{Cr}$）、氨氮（NH$_3$-N）、总磷（以 P 计）、总氮（湖、库以 N 计）、铜、锌、氟化物（以 F 计）、硒、砷、汞、镉、铬（六价）、铅、氰化物、挥发酚、石油类、阴离子表面活性剂、硫化物和粪大肠菌群。

地表水集中式生活饮用水源地补充项目包括硫酸盐（以 SO$_4^{2-}$ 计）、氯化物（以 Cl$^-$ 计）、硝酸盐（以 N 计）、铁和锰。

7.2.2.2　海水环境质量监测项目

近海功能区水域监测项目、分析方法和采样时间等根据《海水质量标准》（GB 3097—1997）来进行，并按照不同功能区的限值进行分析和评价。

监测项目包括悬浮物质、色、嗅、味、大肠菌群、水温、溶解氧、生化需氧量、无机氮、活性磷酸盐等 30 多项指标。

7.2.2.3　地下水环境监测

地下水环境监测项目需要按照《地下水质量标准》（GB/T 14848—2017）规定的内容进行，其中常规必测项目包括气温、地下水水位、水温、pH 值、溶解氧、电导率、氧化还原电位、嗅和味、浑浊度、肉眼可见物等。实际监测项目应根据地下水污染实际情况进行选择；尤其是要进行特征项目以及背景项目的调查，从而决定监测项目。同样对于作为集中式生活饮用水地表水源地的地下水要按照相关标准进行补充监测。

地下水的采样与分析则需要按照《地下水环境监测技术规范》（HJ 164—2020）规定的内容进行。

7.2.2.4　其他水功能区的监测项目

对于划定的单一渔业水域功能区进行监测、采样和分析时，需要按照《渔业水质量标准》（GB 11607—89）内容进行。

对于将处理后的城市污水用于农田灌溉用水时的监测，或者其他处理后的工业废水用于农田灌溉用水时的监测，需要按照《农田灌溉水质标准》（GB 5084—2021）进行。

7.2.2.5　水污染物排放监测

国家针对水污染物排放制订了《污水综合排放标准》（GB 8978—1996）和多个行业水污染物排放标准，例如《电子工业水污染物排放标准》《合成氨工业水污染物排放标准》等，按照行业排放标准和国家排放标准不交叉执行的原则，如有行业标准则优先执行行业相关标准。

在各水污染物排放标准中对于监测项目、采样方法、采样频率、分析方法和评价等做了详细介绍。

7.2.3　水样的采集

7.2.3.1　采样点的设置

根据监测目的和监测项目设置监测断面和采样点，并结合水域类型、水文、气象、环境等自然特征，综合诸多方面因素提出布点方案，在研究和论证的基础上确定。

7.2.3.2　采样频率

监测目的和水体不同，监测的频率往往也不相同。通过对进行监测的河流和湖泊的水质、水文调查，对所有已选定的水质参数采样分析。各水质参数每天至少采一个样。对工厂企业、污水处理厂总废水排放口，可在每天不同时间采样2~3次。

7.2.3.3　采样方法

（1）采集自来水或抽水机设备的水样时，应先放水数分钟，使水管中的杂质及陈旧水排除后再取样。采样器须用采集水样洗涤3次。

（2）采集河、湖、水库、蓄水池水样时，要考虑其水深和流量。表层水样的采集，可直接将采样器放入水面下0.3~0.5m处采样，采样后立即加盖塞紧，避免接触空气。深层水的采集，可用抽吸泵采样，并利用船等乘具行驶至特定采样点，将采水管沉降至所规定的深度，用泵抽取水样即可。采集底层水样时，切勿搅动沉积层。

（3）采集工业废水和生活污水时，采样前需先进行污染源调查，然后决定采样方法。常用的采样方法有三种：瞬时个别水样、平均水样和比例组合水样。

（4）生活污水采样，可在排污口直接以 1L/分量采集有代表性的水样，也可以应用工业废水的采样方式采集。

（5）根据监测项目确定是混合采样还是单独采样。采样器需事先按要求洗涤干净、沥干，采样前用被采集的水样洗涤 2~3 次。采样时应避免激烈搅动水体和漂浮物进入采样桶；采样桶桶口要迎着水流方向浸入水中，水充满后迅速提出水面，需加保存剂时应在现场加入。为特殊监测项目采样时，要注意特殊要求，如应用碘量法测定水中溶解氧，需防止曝气或残存气泡的干扰等。

北京市地表水水质监测系统

北京市环境监测中心对于北京市的地表水系统建有非常完善的自动采样和监测系统。

北京市生态环境监测中心每月公布北京市所辖大中型水库、重点湖泊、河流的水质。并按照《地表水水质类别功能划分》标准进行评价。水质类别对照表见表 7-1。2021 年 10 月北京市地表水水质状况见二维码中的彩图。

2021 年 10 月
北京市地表水
水质状况图

表 7-1　地表水水质类别功能划分

水质类别	适 用 范 围
Ⅰ类	主要适用于源头水、国家自然保护区
Ⅱ类	主要适用于集中式生活饮用水地表水源地一级保护区等
Ⅲ类	主要适用于集中式生活饮用水地表水源地二级保护区、渔业水域及游泳区
Ⅳ类	主要适用于一般工业用水区及人体非直接接触的娱乐用水区
Ⅴ类	主要适用于农业用水区及一般景观要求水域
劣Ⅴ类	不符合上述水域水质要求，丧失使用功能

7.2.4　样品的保存和运输

水样存放过程中，由于吸附、沉淀、氧化还原、微生物作用等，样品的成分可能发生变化，因此如不能及时运输和分析测定的水样，需采取适当的方法保存。较为普遍采用的保存方法有：控制溶液的 pH 值、加入化学试剂、冷藏和冷冻。

采取的水样除一部分现场测定使用外，大部分要运送到实验室进行分析测试。在运输过程中，为继续保证水样的完整性、代表性，使之不受污染，不被损坏和丢失，必须遵守各项保证措施。根据水样采样记录表清点样品，塑料容器要塞紧内塞、旋紧外塞；玻璃瓶要塞紧磨口塞，然后用细绳将瓶塞与瓶颈拴紧。需冷藏的样品，配备专门的隔热容器，放冷却剂。冬季运送样品，应采取保温措施，以免冻裂样瓶。

7.2.5 分析方法与数据处理

分析方法按《水和废水分析方法》进行。监测结果的原始数据要根据有效数字的保留规则正确书写，监测数据的运算要遵循运算规则。在数据处理中，对出现的可疑数据，首先从技术上查明原因，然后再用统计检验处理，经验证后属离群数据应予剔除，以使测定结果更符合实际。

水环境监测举例：北京市集中式生活饮用水水质监测

北京市从 2016 年起，每季度公布北京市市级集中式生活饮用水（饮用水水源、自来水厂出厂水和城市末梢水）水质状况，以下为 2020 年第一季度的水质监测情况。

（1）监测点位。

1）饮用水水源。共监测 4 个市级集中式生活饮用水水源，具体见表 7-2。

2）自来水厂出厂水。共监测 15 座城市自来水厂出厂水质，具体见表 7-2。

表 7-2 2020 年 1 季度北京市市级集中式生活饮用水水源和自来水厂水质状况

序号	水源/厂名称（监测点位）	达标情况	序号	水源/厂名称（监测点位）	达标情况
1	密云水库（地表水）	达标	6	第七水厂	达标
2	南水北调（地表水）	无水	7	第八水厂	达标
3	海淀花园村地区（地下水）	达标	8	第九水厂	达标
4	朝阳花家地地区（地下水）	达标	9	第十水厂	达标
5	密怀顺地区（地下水）	达标	10	郭公庄水厂	达标
1	第一水厂	达标	11	田村山水厂	达标
2	第二水厂	达标	12	309 水厂	达标
3	第三水厂	达标	13	孙河水厂	达标
4	第四水厂	达标	14	丰台水厂	达标
5	第五水厂	达标	15	杨庄水厂	达标

（2）监测项目。

1）饮用水水源地表水水源每月进行《地表水环境质量标准》（GB 3838—2002）中表 1 的基本项目（23 项，化学需氧量除外）、表 2 的补充项目（5 项）和表 3 的优选特定项目（33 项），共 61 项指标的检测，每年进行一次全部 109 项指标的检测。

饮用水水源地下水水源每月进行《地下水质量标准》（GB/T 14848—2017）中 39 项常规指标的检测，每年进行一次全部 93 项指标的检测。

2）自来水厂出厂水监测项目按照《生活饮用水卫生标准》（GB 5749—2006）的要求，每月对各自来水厂出厂水进行42项常规指标的检测，每半年对地表水厂出厂水进行全部106项指标的检测，每年对地下水厂出厂水进行全部106项指标的检测，确保出厂水水质安全。

（3）评价标准及方法。

1）饮用水水源地表水水源根据《地表水环境质量标准》（GB 3838—2002），采用单因子评价法进行评价。每项指标均符合相应标准要求时，认为水质合格。

饮用水水源地下水水源根据《地下水质量标准》（GB/T 14848—2017），采用单因子评价法进行评价。每项指标均符合相应标准要求时，认为水质合格。

2）自来水厂出厂水根据《生活饮用水卫生标准》（GB 5749—2006），采用单因子评价法进行评价。每项指标均符合相应标准要求时，认为水厂出水水质合格。

（4）评价结果。

1）饮用水水源水质2020年1季度，水质全部达标，达标率为100.0%。
2）自来水厂出厂水质2020年1季度，水质全部合格，达标率为100.0%。评价结果详见表7-2。

水污染物排放监测举例：高安屯垃圾焚烧厂外排废水监测

高安屯垃圾焚烧厂废水排放执行北京市地方标准《水污染物综合排放标准》（DB 11/307—2013）中排入公共污水处理系统的标准限值，见表7-3。

表7-3　排入公共污水处理系统的水污染物评价标准一览表

类别	监测项目	标准值	单位	污染物排放监控位置
废水	化学需氧量	500	mg/L	单位废水总排放口
	水温	55	℃	
	氨氮	45	mg/L	
	pH值	6.5~9	无量纲	
	悬浮物	400	mg/L	
	5日生化需氧量	300	mg/L	
	总磷	8	mg/L	
	动植物油	50	mg/L	

7.3　空气环境监测

大气环境质量监测是对大气环境中污染物的浓度，观察、分析其变化和对环境影响的测定过程。大气污染监测是测定大气中污染物的种类及其浓度，观察其时空分布和变化规律。在实习时可以通过对大气环境监测站参观学习，了解环境质量的监测内容，通过对污染企业的参观实习，了解大气污染源监测的内容。

大气污染源物排放监测则是指对于有组织排放和无组织排放的污染源进行监测。主要监测污染物去向、种类、排放浓度、排放速度等。

国家环境空气质量监测网

我国环境空气质量监测网涵盖国家、省、市、县四个层级。从监测功能上讲，国家环境空气质量监测网涵盖城市环境空气质量监测、区域环境空气质量监测、背景环境空气质量监测、试点城市温室气体监测、酸雨监测、沙尘影响空气质量监测、大气颗粒物组分/光化学监测等。

截至 2021 年底，国家城市环境空气质量监测网共计在全国 338 个地级以上城市（含地、州、盟所在城市）设置监测点位 1436 个（其中含 135 个清洁对照点）。

已建成山西庞泉沟、内蒙古呼伦贝尔、吉林长白山、福建武夷山、山东长岛、湖北神农架、湖南衡山、广东南岭、海南五指山、海南西沙永兴岛、四川海螺沟、云南丽江、西藏纳木措、青海门源和新疆喀纳斯 15 个背景环境空气质量监测站。另有位于海南省的新建国家环境空气质量监测站（大气背景站）建设中。

"十一五"期间，我国建成了 31 个区域（农村）环境空气质量监测站。为进一步扩大国家环境空气质量监测网络的覆盖面，在区域尺度上说清我国环境空气质量，监控重点区域/城市污染物输送特征，同时为区域联防联控及空气质量预警预报提供技术支持，"十二五"期间，我国又在原有区域站基础上再建成 61 个区域环境空气质量监测站。

7.3.1　现场调查及资料收集

大气环境质量现状调查是大气环境影响评价的重要组成部分，是通过环境大气质量现状的调查和监测，分析出污染因子的现状本底值，再通过环境质量指数来确定现有环境质量状况，是建设项目大气环境影响评价的一个重要组成部分。现场调查及资料收集一般包括：

（1）污染源分布及排放情况。通过调查，将监测区域内的污染源类型、数量、位置及排放的主要污染物及排放量弄清楚，并了解所用原料、燃料及消耗量。注意要区别对待由高烟囱排放的较大污染源与由低烟囱排放的较小污染源；区别对待交通运输污染严重区的一次污染物与光化学反应产生的二次污染物。

（2）气象资料。气象条件在一定程度上决定着污染物在空气中的扩散、迁移和一系列的物理、化学变化。因此，制订空气污染监测方案时，要收集监测区域当时的风向、风速、气温、气压、降水量、日照时间、相对湿度、温度垂直梯度和逆温层底部高度等气象资料。

（3）地形资料。地形会影响当地的风向、风速和大气稳定情况，是设置监测网点时必须考虑的因素。为掌握污染物在空气中的实际分布状况，就要根据监测区域的地形情况布设采样点，地形越复杂，布设监测点就应越多。地形复杂地区一般包括河谷的工业区、丘陵区城市、海滨城市等。

（4）土地利用及功能分区情况。不同功能区例如工业区、商业区、混合区、居民区等对空气污染状况及空气质量要求各不相同，因而在设置监测网点时，必须分别按照标准予以考虑。因此，制订空气污染监测方案时必须收集监测区域的土地利用情况及功能区划分方面的资料。

（5）人口分布及人群健康情况。开展空气质量监测是为了了解空气质量状况，保护人群健康。因此，收集掌握监测区域的人口分布、居民和动植物受空气污染危害情况以及流行性疾病等资料，对制订监测方案、分析判断监测结果是非常有用的。

7.3.2 监测项目选择

7.3.2.1 空气环境质量监测

空气中的污染物质多种多样，应根据监测范围实际情况和优先监测原则确定监测项目，并同步观测有关气象参数。按照我国《环境空气质量》（GB 3095—2012）规定，目前要求的空气污染常规监测项目和选测项目见表7-4，同时还需对空气降水进行监测。

表7-4 空气污染常规监测项目和选测项目

类别	必测项目	按地方情况增加的必测项目	选测项目
空气污染物监测	TSP、SO_2、NO_x、硫酸盐化速率、灰尘自然沉降量	CO、总氧化剂、总烃、PM_{10}、F_2、HF、B（a）P、Pb、H_2S、光化学氧化剂	CS_2、Cl_2、氟化氢、硫酸雾、HCN、NH_3、Hg、Be、铬酸雾、非甲烷烃、芳香烃、苯乙烯、酚、甲醛、甲基对硫磷、异氰酸甲酯等
空气降水监测	pH值、电导率	K^+、Na^+、Ca^{2+}、Mg^{2+}、NH_4^+、SO_4^{2-}、NO_3^-、Cl^-	—

7.3.2.2　大气污染企业污染物监测

因为污染企业的特征污染物不同，所以监测项目不同，污染物的排放限值也不同。国家针对不同行业制定了一系列的排放标准，例如《加油站大气污染物排放标准》《制药工业大气污染物排放标准》等，标准中对于监测项目、采样方法、监测频率、排放限值、分析和评价方法等，都作出了规定。

按照国家标准和地方标准、行业标准不交叉执行的原则，有行业和地方排放标准的，则优先执行地方标准和行业排放标准。

不同排污企业大气监测指标对比

2009 年投产的北京高安屯垃圾焚烧厂焚烧炉废气排放口 1、2 执行《生活垃圾焚烧大气污染物排放准》(GB 18485—2014) 标准，废气无组织排放和环境质量监测执行《恶臭污染物排放标准》(GB 14554—1993) 中新建二级标准限值和《大气污染物综合排放标准》(DB 11/501—2017)。而 2013 年投产的北京市草桥燃气联合循环热电厂二期在建设初期污染气体排放时，则按照北京市地方标准《锅炉大气污染物排放标准》(DB 11/139—2007) 来执行限值，对比情况见表 7-5。

表 7-5　垃圾焚烧厂废气排放监测项目

企业名称	监测点位	监测项目	排放标准限值	评价标准
高安屯垃圾焚烧厂	废气排放口	烟尘（标准状态）/mg·m⁻³	30	《生活垃圾焚烧污染控制标准》(GB 18485—2014)
		一氧化碳（标准状态）/mg·m⁻³	100	
		氮氧化物（标准状态）/mg·m⁻³	300	
		二氧化硫（标准状态）/mg·m⁻³	100	
		氯化氢（标准状态）/mg·m⁻³	60	
		二噁英（标准状态）/ngTEQ·m⁻³	0.1	
		汞及其化合物（标准状态）/mg·m⁻³	0.05	
		镉、铊及其化合物（标准状态）/mg·m⁻³	0.1	
		砷、镍、锑、铅、铜、锰、铬及其化合物（标准状态）/mg·m⁻³	1	
	无组织排放（厂区上风向 1 个点位，下风向 3 个点位）	臭气浓度/无量纲	20	《大气污染物综合排放标准》(DB 11/501—2017)《恶臭污染物排放标准》(GB 14554—1993)
		氮氧化物/mg·m⁻³	0.12	
		二氧化硫/mg·m⁻³	0.4	
		硫化氢/mg·m⁻³	0.01	
		氨/mg·m⁻³	3.0	
		颗粒物/mg·m⁻³	0.3	

续表 7-5

企业名称	监测点位	监测项目	排放标准限值	评价标准
草桥燃气联合循环机组	烟气处理设施排放口	烟尘（标准状态）/mg·m⁻³	10	《锅炉大气污染物排放标准》（DB 11/139—2007）
		氮氧化物（标准状态）/mg·m⁻³	100	
		二氧化硫（标准状态）/mg·m⁻³	20	
		烟黑度	1	
	无组织排放	氨/mg·m⁻³	1	《大气污染物综合排放标准》（DB 11/501—2007）

7.3.3 监测点布设

7.3.3.1 采样点布设数目依据

在一个监测区域内，采样点（站）设置数目应根据监测范围大小、污染物的空间分布和地形地貌特征、人口分布情况及其密度、经济条件等因素综合考虑确定。并要求对有自动监测系统的城市以自动监测为主，人工连续采样点辅之；无自动监测系统的城市，以连续采样点为主，辅以单机自动监测。

7.3.3.2 采样点布设方法

采样点的布设方法主要有功能区布点法、网格布点法、同心圆布点法和扇形布点法。在实际工作中，为做到因地制宜，使采样网点布设完善合理，往往采用以一种布点方法为主，兼用其他方法的综合布点法。

7.3.3.3 采样点布设要求

（1）采样点应设在整个监测区域的高、中、低三种不同污染物浓度的地方。

（2）在污染源比较集中、主导风向比较明显的情况下，应将污染源的下风向作为主要监测范围，布设较多的采样点；上风向布设少量点作为对照。

（3）工业较密集的城区和工矿区，人口密度大及污染物超标地区，要适当增设采样点；城市郊区和农村，人口密度小及污染物浓度低的地区，可酌情少设采样点。

（4）采样点的周围应开阔，采样口水平线与周围建筑物高度的夹角应不大于30°。测点周围无局地污染源，并应避开树木及吸附能力较强的建筑物。交通密集区的采样点应设在距人行道边缘至少1.5m远处。

（5）各采样点的设置条件要尽可能一致或标准化，使获得的监测数据具有可比性。

（6）采样高度根据监测目的而定。研究大气污染对人体的危害，采样口应在离地面 1.5~2m 处；研究大气污染对植物或器物的影响，采样口高度应与植物或器物高度相近。连续采样例行监测采样口高度应距地面 3~15m；若置于屋顶采样，采样口应与基础面有 1.5m 以上的相对高度，以减小扬尘的影响。特殊地形地区可视实际情况选择采样高度。

7.3.4　监测采样与分析

7.3.4.1　采样频率和采样时间确定

监测目的不同，其采样频率和采样时间不同。空气质量变化趋势监测一般采用连续或间歇自动采样测定；污染事故的应急监测要求快速测定，采样时间尽量短；一级环境影响评价项目，要求不得少于两期（夏季和冬季）监测，每期应取得有代表性的 7 天监测数据，每天采样监测不少于 6 次（分别为 2 时、7 时、10 时、14 时、16 时、19 时）。

7.3.4.2　采样方法选择

采集空气样品的方法要综合考虑欲测污染物的状态、浓度、物理化学性质及所用分析方法等因素后进行选择。当空气中被测组分浓度较高或测定方法灵敏度较高时，一般采用直接采样法，如注射器采样法、塑料袋采样法、采气管法和真空瓶法等。如果空气中被测组分浓度较低（10^{-9}~10^{-6} 数量级），直接采样不能满足分析方法的测定限要求，应采用浓缩采样法，如溶液吸收法、填充柱阻留法、滤料阻留法和自然积集法等。

7.3.4.3　分析方法选择

分析方法按国家规定的《空气和废气分析方法》进行。

7.3.5　数据处理和结果表述

7.3.5.1　采样记录

采样是分析监测的第一步，采样时测定的许多参数，是分析结果的计算必须使用的重要参数。采样过程获取的第一手资料，对于监测结果分析、环境质量评价、事故原因分析具有重要的参考价值。因此，监测过程中必须规范采样记录管理，认真填写采样记录。填写内容包括污染物名称、采样点名称、采样编号、采样日期、采样时间、采样流量、采样体积、采样时的温度及压力、换算为标准状态下的体积、所用仪器、吸收液、采样时天气情况及周围情况、采样者、审核者签名。

7.3.5.2　数据处理

监测结果的原始数据要根据有效数字的保留规则正确书写，监测数据的运算要遵循运算规则。在数据处理中，对出现的可疑数据，首先从技术上查明原因，然后再用统计检验处理，经验证后属离群数据应予剔除，以使测定结果更符合实际。

7.3.5.3 结果表述

空气中污染物含量的表示方法，有单位体积质量浓度和体积比浓度两种，应根据污染物存在状态选择使用。

7.3.5.4 空气质量评价

根据监测结果，对照相应的空气环境质量标准，对室内外空气质量进行评价，判断质量等级。分析推断主要污染物的来源及危害，并提出改进的建议。

大气环境监测举例：2021年3月北京市环境空气质量状况

(1) 监测点位。

北京市共有空气质量监测点35个，涵盖北京各个区，监测点位见二维码中的彩图。其中北京城6区有12个监测点位，西北部5个监测点位，东北部8个监测点位，东南部6个监测点位，西南部4个监测点位。其中位于西北部的定陵监测点为北京市空气质量的对照点位。

北京市空气质量监测点位分布图

(2) 监测项目。

监测指标为细颗粒物（$PM_{2.5}$）、可吸入颗粒物（PM_{10}）、二氧化氮（NO_2）、二氧化硫（SO_2）、臭氧（O_3）和一氧化碳（CO），全部为在线监测。

(3) 监测结果与评价。

3月份，北京市空气中细颗粒物（$PM_{2.5}$）平均浓度为83μg/m³；其他三项主要污染物，可吸入颗粒物（PM_{10}）、二氧化氮（NO_2）、二氧化硫（SO_2）浓度分别为94μg/m³、35μg/m³和3μg/m³，优良天数为11d。

各区$PM_{2.5}$浓度在76~87μg/m³之间，延庆、平谷等区浓度较低，门头沟、石景山等区浓度较高；各区$PM_{2.5}$浓度均同比上升，昌平、怀柔、门头沟等区上升幅度较大，具体数值见表7-6。

表7-6　2021年3月各区PM$_{2.5}$浓度

排名	区	月均浓度/μg·m^{-3}	排名	区	同比变化/%
1	延庆	76	1	开发区	116.2
2	平谷	77	2	大兴	119.4
3	大兴	79	3	平谷	120.0
3	密云	79	4	顺义	126.3
5	开发区	80	5	通州	133.3
6	东城	83	6	丰台	136.1
6	怀柔	83	6	房山	136.1
8	通州	84	8	东城	137.1
8	西城	84	9	朝阳	140.0
8	朝阳	84	10	石景山	141.7
11	房山	85	11	延庆	145.2
11	丰台	85	12	海淀	145.7
13	海淀	86	13	西城	154.5
13	昌平	86	14	密云	154.8
13	顺义	86	15	门头沟	163.6
16	石景山	87	16	怀柔	167.7
16	门头沟	87	17	昌平	168.8

7.4　土壤环境质量监测

土壤环境监测的工作主要是采用监测手段识别土壤、地下水、地表水、环境空气、残余废物中的关注污染物及水文地质特征，并全面分析、确定地块的污染物种类、污染程度和污染范围。

7.4.1　土壤污染的特性

由于"三废"物质、化学物质、农药、微生物等进入土壤并不断累积，引起土壤的组成、结构和功能发生改变。从而影响植物的正常生长和发育，以致在植物体内积累，使农产品的产量与质量下降，最终影响人体健康。

（1）隐蔽性和滞后性。从开始污染到导致后果，有一段很长的间接、逐步、积累的隐蔽过程，如日本的"镉米"事件。土壤污染从产生污染到出现问题通常会滞后较长的时间。

（2）持久性和难恢复性。污染物质在土壤中并不像在大气和水中那样容易扩散和稀释，土壤一旦被污染后很难恢复，土壤的污染和净化过程需要相当长的时间。尤其是重金属的污染是不可逆的过程，现今治理技术十分有限。

（3）判定难。到目前为止，国内外尚未定出类似于水和大气的土壤污染判定标准。

7.4.2 土壤环境监测分类

依据不同的监测目的，土壤环境监测一般包括地块土壤污染状况和土壤污染风险评估调查监测、地块治理修复监测、地块修复效果评估监测、地块回顾性评估监测。

（1）地块土壤污染状况和土壤污染风险评估调查监测。这一环境监测，主要工作是采用监测手段识别土壤、地下水、地表水、环境空气、残余废弃物中的关注污染物及水文地质特征，并全面分析、确定地块的污染物种类、污染程度和污染范围。

（2）地块治理修复监测。主要工作是针对各项治理修复技术措施的实施效果所开展的相关监测，包括治理修复过程中涉及环境保护的工程质量监测和二次污染物排放的监测。

（3）地块修复效果评估监测。对地块治理修复工程完成后的环境监测，主要工作是考核和评价治理修复后的地块是否达到已确定的修复目标及工程设计所提出的相关要求。

（4）地块回顾性评估监测。地块经过修复效果评估后，在特定的时间范围内，为评价治理修复后地块对土壤、地下水、地表水及环境空气的环境影响所进行的环境监测，同时也包括针对地块长期原位治理修复工程措施的效果开展验证性的环境监测。

土壤环境监测方案一般包括：准备、监测资料收集、采样点的布设、样品采集与保存、制样、运输和储存、分析测试、评价等步骤，同时将质量控制/质量保证贯穿在整个监测过程。

7.4.3 监测资料的收集

土壤是由固、液、气三相组成的，其中固相占土壤总体积的50%左右，占其总质量的90%左右。污染物进入土壤后，通过各种迁移途径进行混合，但是由于固相流动性差的原因，往往导致污染土壤的均匀性较差。为了使得采集的土壤样品具有代表性和典型性，必须对监测区域进行调查研究，调查评价区域的自然条件、土壤性状、农业生产情况以及污染历史与现状等。监测需要收集的资料一般包括：

（1）较为详尽的地块相关资料及历史信息；

（2）地块土壤和地下水等样品中污染物的浓度数据；

（3）地块土壤的理化性质分析数据；

（4）地块（所在地）气候、水文、地质特征信息和数据；

（5）地块及周边地块土地利用方式、敏感人群及建筑物等相关信息。

7.4.4 土壤监测项目确定

土壤监测项目可分为土壤常规监测项目和补充项目，一般可以依据《土壤环境质量　建设用地土壤污染风险管控标准》（GB 36600—2018）、《土壤环境质量　农用地土壤污染风险管控标准》（GB 15618—2018）等标准中的规定确定。

一般工业地块可选择的检测项目有重金属、挥发性有机物、半挥发性有机物、氰化物和石棉等。如土壤和地下水明显异常而常规检测项目无法识别时，可进一步结合色谱–质谱定性分析等手段对污染物进行分析，筛选判断非常规的特征污染物，必要时可采用生物毒性测试方法进行筛选判断。

7.4.5 监测点布设、监测时间和采样方法

7.4.5.1 水平监测点布设

根据土壤自然条件、土壤类型、污染情况的不同以及监测目的的不同，设置不同的监测点布设类型。表 7-7 为几种常见的布点方法及适用条件。

表 7-7 几种常见的布点方法及适用条件

布点方法	适用条件
系统随机布点法	适用于污染分布均匀的地块
专业判断布点法	适用于潜在污染明确的地块
分区布点法	适用于污染分布不均匀，并获得污染分布情况的地块
系统布点法	适用于各类地块情况，特别是污染分布不明确或污染分布范围大的情况

根据初步采样分析的结果，结合地块分区，制订采样方案。应采用系统布点法加密布设采样点。对于需要划定污染边界范围的区域，采样单元面积不大于 1600m²（40m×40m 网格）。垂直方向采样深度和间隔根据初步采样的结果判断。

7.4.5.2 采样深度

采样点垂直方向的土壤采样深度可根据污染源的位置、迁移和地层结构以及水文地质等进行判断设置。若对地块信息了解不足，难以合理判断采样深度，可

按 0.5~2.0m 等间距设置采样位置。

采样点可采表层样或土壤剖面。一般监测采集表层土，采样深度 0~20cm，特殊要求的监测（土壤背景、环评、污染事故等）必要时选择部分采样点采集剖面样品。剖面的规格一般为长 1.5m，宽 0.8m，深 1.2m。挖掘土壤剖面要使观察面向阳，表土和底土分两侧放置。采样次序自下而上，先采剖面的底层样品，再采中层样品，最后采上层样品。测量重金属的样品尽量用竹片或竹刀去除与金属采样器接触的部分土壤，再用其取样。

剖面每层样品采集 1kg 左右，装入样品袋，样品袋一般由棉布缝制而成，如潮湿样品可内衬塑料袋（供无机化合物测定）或将样品置于玻璃瓶内（供有机化合物测定）。采样的同时，由专人填写样品标签、采样记录；标签一式两份，一份放入袋中，一份系在袋口，标签上标注采样时间、地点、样品编号、监测项目、采样深度和经纬度。采样结束，需逐项检查采样记录、样袋标签和土壤样品，如有缺项和错误，及时补齐更正。将底土和表土按原层回填到采样坑中，方可离开现场，并在采样示意图上标出采样地点，避免下次在相同处采集剖面样。

7.4.5.3 监测时间与频率

根据监测目的和污染特点的不同，确定不同的采样时间和频率。一般土壤在农作物收获期采样测定，必测项目 1 年测 1 次，其他项目 3~5 年测 1 次。为了了解土壤污染状况，可随时采集样品进行测定。但有些时候则需根据监测目的与实际情况而定。若污染源为大气，则污染情况易受空气湿度、降水等影响，其危害有显著的季节性，所以应考虑季节采样；如果污染源为肥料、农药，那么应于施肥与洒药前后选择适当的时间采样；如果污染源为灌溉，那么应在灌溉前后采样。

7.4.5.4 采样方法

根据不同的监测目的、土壤自然条件以及污染状况，确定具体的采样方法。由于土壤具有不均一特性，所以采样时很容易产生误差，通常取若干点，组成多点混合样品，混合样品组成的点越多，其代表性越强。另外因为土壤污染具有时空特性，应注意采样时间、采样区域范围、采样深度等。

某建设项目土壤环境监测指标

某企业在建设过程中，进行环境监测和评价，土壤评价依据《场地土壤环境风险评价筛选值》(DB11/T 811—2011) 中工业/商业用地标准。另外，还对土壤的二噁英浓度进行监测和评价，对应的标准为《土壤环境质量 建设用地土壤污染风险管控标准（试行）》(GB 36600—2018)，依据不同的用地性质，分别执行筛选值和管控值，具体监测项目和数值见表 7-8。

表7-8　厂区土壤评价标准一览表

监测项目	标准值/mg·kg⁻¹	评价标准	监测频率
砷	20		
铍	8		
镉	150		
铬	2500		
六价铬	500	《场地土壤环境风险评价筛选值》（DB11/T 811—2011）中工业/商业用地标准	
铜	10000		
铅	1200		每年一次
汞	14		
镍	300		
锌	10000		
锡	10000		
二噁英	筛选值：一类用地10ngTEQ/kg，二类用地 40ngTEQ/kg；管控值：一类用地100ng TEQ/kg，二类用地400ngTEQ/kg	《土壤环境质量　建设用地土壤污染风险管控标准（试行）》（GB 36600—2018）	

7.4.6　样品的制备和保存

　　土壤样品的制备和保存有别于水体和大气，在土壤监测中，无机监测项目与有机监测项目、不挥发性监测项目和挥发性监测项目的制备和保存方法是不同的，因此，需要根据不同的监测项目，选取不同的样品制备和保存的方法。一些易变、易挥发项目需要使用新鲜土壤样品。这些项目包括游离挥发酚、三氯乙醛、硫化物、低价铁、氨氮、硝氮、有机磷农药等，这些项目在风干的过程中会发生较大的变化。因为风干土样比较容易混合均匀重复性，准确性比较好，为了样品的保存与测定工作的方便，除以上需要新鲜样品测定的项目外通常将样品做风干处理。

江苏省环境监测智能土壤样品库

　　随着计算机自动化与信息化技术的广泛应用，物联网、人工智能技术为各行各业都带来了新的管理模式，给土壤样品保存与管理也提供了新思路。江苏省环境监测中心创新性引入物联网、气动传输与无线射频RFID芯片联合应用技术，实现土壤样品智能自动存取，存放样品与样品信息的自动关联，同时以信息软件技术为基础，研发样品库土壤环境质量数据分析系统，构建了基于RFID芯片、现代仓储智能管理技术的环境监测土壤智能样品库。

样品库的设计思路是以RFID芯片、现代超密集仓储智能存储与管理技术为核心，以标准化规范化管理为理念，综合考虑土壤样品制备区、存取区、实验室以及土壤留样库建筑布局，梳理土壤样品管理流程，制定智能土壤样品库结构，结合物联网和人工智能技术，将整个系统的所有设备、样品、土壤监测业务信息、样品元素信息、土壤环境质量数据、实验室管理系统以及操作者联网集成，实现土壤样品信息管理全流程管控。同时以《土壤环境质量 农用地土壤污染风险管控标准（试行）》（GB 15618—2018）、《土壤环境质量 建设用地土壤污染风险管控标准（试行)》（GB 36600—2018）为依据，在土壤样品监测数据评价基础上，形成江苏省土壤环境质量数据库，为全省土壤环境管理决策和科学研究夯实基础。样品库可满足江苏省土壤无机样品的长期存储需求，为现代化土壤监测技术管理体系创新提供参考，对土壤监测和科学研究具有重要意义。

7.4.7 分析方法与数据处理

7.4.7.1 分析方法

土壤样品的分析测试之前，必须进行预处理，以得到适合测定形态的污染物。具体预处理的方法按国家环保部《土壤环境监测技术规范》进行，分析方法按照国家环保部规定的《水和废水分析方法》进行。

7.4.7.2 数据处理

监测结果的原始数据要根据有效数字的保留规则正确书写，监测数据的运算要遵循运算规则。在数据处理中，对出现的可疑数据，首先从技术上查明原因，然后再用统计检验处理，经验证后属离群数据应予剔除，以使测定结果更符合实际。

7.4.7.3 分析结果的表示

土壤监测分析结果可使用表格统计。

7.4.7.4 土壤质量评价

目前我国颁布的土壤标准主要有《土壤环境质量 农用地土壤污染风险管控标准（试行)》（GB 15618—2018）、《土壤环境质量 建设用地土壤污染风险管控标准（试行)》（GB 36600—2018）等。土壤环境质量标准适用于农田、蔬菜地、茶园、果园、牧场、林地、自然保护区和建设用地等地的土壤。因此，根据监测结果，对照土壤环境质量标准，对土壤进行评价，判断监测区域土壤环境质量。推断污染物的来源，对污染物的种类进行分类，并提出改进的建议。

7.5　企业噪声监测

工业企业厂界环境噪声指在工业生产活动中使用固定设备等产生的、在厂界处进行测量和控制的干扰周围生活环境的声音。目前我国工业噪声比较严重，且其具有分散、复杂等特点，严重影响人民的正常生活、学习与工作，甚至会危害人体健康。为了减少工业企业厂界噪声带来的危害，做好噪声监测工作十分重要，该工作可以解决噪声污染治理、污染纠纷、环境保护验收等问题，对我国环保事业的进步和发展有很强的促进作用。对工业企业厂界环境噪声监测需依据《工业企业厂界环境噪声排放标准》(GB 12348—2008)，该标准规定了工业企业和固定设备厂界环境噪声排放限值及其测量方法。

7.5.1　测量仪器

测量仪器为积分平均声级计或环境噪声自动监测仪，其性能应不低于GB 3785H和GB/T 17181对2型仪器的要求。测量35dB以下的噪声应使用1型声级计，且测量范围应满足所测量噪声的需要。校准所用仪器应符合GB/T 15173对1级或2级声校准器的要求。当需要进行噪声的频谱分析时，仪器性能应符合GB/T 3241中对滤波器的要求。

测量仪器和校准仪器应定期检定合格，并在有效使用期限内使用；每次测量前、后必须在测量现场进行声学校准，其前、后校准示值偏差不得大于0.5dB，否则测量结果无效。

7.5.2　测量条件

(1) 气象条件。测量应在无雨雪、无雷电天气，风速为5m/s以下时进行。不得不在特殊气象条件下测量时，应采取必要措施保证测量准确性，同时注明当时所采取的措施及气象情况。

(2) 测量工况。测量应在被测声源正常工作时间进行，同时注明当时的工况。

7.5.3　测点位置

(1) 测点布设。根据工业企业声源、周围噪声敏感建筑物的布局以及毗邻的区域类别，在工业企业厂界布设多个测点，其中包括距噪声敏感建筑物较近以及受被测声源影响大的位置。

（2）测点位置一般规定。一般情况下，测点选在工业企业厂界外1m，高度1.2m以上。

（3）测点位置其他规定。当厂界有围墙且周围有受影响的噪声敏感建筑物时，测点应选在厂界外1m，高于围墙0.5m以上的位置；当厂界无法测量到声源的实际排放状况时（如声源位于高空、厂界设有声屏障等），应按测点位置一般规定设置测点，同时在受影响的噪声敏感建筑物户外1m处另设测点；室内噪声测量，室内测量点位设在距任一反射面至少0.5m以上、距地面1.2m高度处，在受噪声影响方向的窗户开启状态下测量；固定设备结构传声至噪声敏感建筑物室内，在噪声敏感建筑物室内测量时，测点应距任一反射面至少0.5m以上、距地面1.2m、距外窗1m以上，窗户关闭状态下测量。被测房间内的其他可能干扰测量的声源（如电视机、空调机、排气扇以及镇流器较响的日光灯、运转时出声的时钟）应关闭。

7.5.4 测量时段

分别在白天、夜间两个时段测量。夜间有频发、偶发噪声影响时同时测量最大声级。被测声源是稳态噪声，采用1min的等效声级。被测声源是非稳态噪声，测量被测声源有代表性时段的等效声级，必要时测量被测声源整个正常工作时段的等效声级。

7.5.5 背景噪声测量

（1）测量环境。不受被测声源影响且其他声环境与测量被测声源时保持一致。

（2）测量时段。与被测声源测量的时间长度相同。

7.5.6 测量结果

修正噪声测量值与背景噪声值相差大于10dB（A）时，噪声测量值不做修正；噪声测量值与背景噪声值相差在3~10dB（A）之间时，噪声测量值与背景噪声值的差值取整后，按修正表中的数值进行修正；噪声测量值与背景噪声值相差小于3dB（A）时，应在采取措施降低背景噪声后，视情况按前面两条的规定执行，仍无法满足这两条要求的，应按环境噪声监测技术规范的有关规定执行。

7.5.7 结果评价

各个测点的测量结果应单独评价。同一测点每天的测量结果按白天、夜间进行评价。最大声级L直接评价。

大唐南京发电厂厂界噪声治理方案

　　大唐南京发电厂位于距南京市东北方向45km处的栖霞区马渡村，地处长江南岸，装机2台660MW燃煤发电机组，2010年12月投运。该厂厂界噪声排放执行《工业企业厂界环境噪声排放标准》(GB 12348—2008) 2类功能区噪声标准，机组投运后，已采取对汽机房A排0m加装隔声窗处理、对1号锅炉西侧钢架9m以下均加设了隔声屏障，在1号、2号炉送风机及一次风机两侧加设了17m高的隔声屏，对1号、2号炉引风机两侧加装了17m高的隔声屏，对脱硫浆液泵北侧加装了6m高的隔声屏，对循环水泵加设隔声罩等噪声防治措施，但电厂南侧和西侧厂界噪声仍然超出排放标准，对周围居民生活造成一定影响，需进行降噪治理。

　　经对该厂厂界噪声进行了技术监督监测，测试结果表明，按2类功能区白天60dB(A)，夜间50dB(A)厂界噪声排放限值，该厂界噪声白天达标，仅为夜间超标。根据测试结果进行厂界噪声治理。通过凝输泵电机加半封闭隔声罩和主变附近设置声屏障对主变区域降噪。在汽车方区域的百叶窗增加消声百叶，在一次风机和送风机、电除尘、引风机等区域设置隔声罩和声屏障。该厂对以上区域的主要噪声源实施治理后，噪声监测结果表明6个厂界噪声测点昼间等效声级50.5～51.8dB(A)，夜间等效声级47.1～49.6dB(A)，昼夜间噪声均符合《工业企业厂界环境噪声排放标准》(GB 12348—2008)2类标准。

思 考 题

7-1　什么是环境监测？

7-2　简述水环境监测的一般流程和内容。

7-3　简述大气环境监测如何进行布点。

7-4　简述土壤环境监测分类和监测内容。

7-5　简述工业企业厂界噪声监测要点。

参 考 文 献

[1] 曾凡刚. 大气环境监测 [M]. 北京：化学工业出版社，2003.

[2] 李青山，李怡庭. 水环境监测实用手册 [M]. 北京：中国水利水电出版社，2003.

[3] 王怀宇. 环境监测 [M]. 北京：科学出版社，2011.

[4] 邹美玲，王林林. 环境监测与实训 [M]. 北京：冶金工业出版社，2017.

[5] 曲浩，姜守武，孔为丽. 威海市生活垃圾焚烧厂炉渣制免烧砖分析 [J]. 环境卫生工程，2012，20(3)：30-32.

［6］刘绮，潘伟斌. 环境监测教程［M］. 2版. 广州：华南理工大学出版社，2014.

［7］程麟钧. 我国大气环境监测数据共享技术现状、问题及对策［J］. 中国环境监测，2016，184(6)：146-147.

［8］皇甫铮，吴旻妍. 水质自动监测系统的建设及应用研究［J］. 智能城市，2018，4(23)：113-114.

［9］唐梦涵，陈焕然，司蔚，等. 江苏省环境监测智能土壤样品库的构建研究［J］. 环境科技，2020，33(5)：49-53.

［10］汤希凡. 工业企业水污染环境监测中重金属污染的控制措施［J］. 世界有色金属，2020(9)：287-288.

［11］李丽，李婷婷，张丽. 对水环境监测及水污染防治问题的相关探讨［J］. 资源节约与环保，2021(2)：58-59.

［12］刘焕，张海欧. 浅析环境监测技术在大气污染治理中的作用［J］. 资源节约与环保，2021(2)：66-67.

［13］杨凯. 我国土壤环境监测技术的现状及发展趋势［J］. 农机使用与维修，2021(2)：137-138.

8 环境领域常见设备及仪表

实习目的

通过实习，接触环境领域基础设备与仪表，加深学生对其认识与了解。能通过专业人士的讲解，了解设备及仪器的分类、适用范围、运行机理。学会学以致用，为在以后设计或工作中进行合理选择打下基础。

实习内容

（1）了解设备仪器的外观，掌握常用的设备与仪表名称与分类。

（2）掌握常用设备的运行机理。

（3）学会选择设备与仪表。

设备是工程项目中必不可少的构件，设备的性能决定了工艺运行的好坏。本章主要介绍的设备有泵、风机、管道和压力容器，这四种设备是环保项目中最常用的，也是环保项目中最基础的构件。在气体和液体的传输过程中通常需要密切监测各种参数，例如压力、流量、温度、浓度等，本章主要介绍压力表、流量计、液位计和 pH 计等。

8.1 泵

泵是输送液体或使液体增压的机械。它将原动机的机械能或其他外部能量传送给液体，使液体能量增加。泵主要用来输送水、油、酸碱液、乳化液、悬乳液和液态金属等液体，也可输送液、气混合物及含悬浮固体物的液体。

8.1.1 泵的分类

（1）按原理分类：容积式泵和叶轮泵。

容积式泵：靠工作部件的运动造成工作容积周期性地增大或缩小而吸排液体，并靠工作部件的挤压而直接使液体的压力能增加。

叶轮泵：叶轮式泵是靠叶轮带动液体高速回转而把机械能传递给所输送的

液体。

根据泵的叶轮和流道结构特点的不同叶轮式又可分为离心泵、轴流泵、混流泵、旋涡泵、喷射泵。

（2）按泵轴位置分类：立式泵和卧式泵。

（3）按吸口数分类：单吸泵和双吸泵。

（4）按驱动泵的原动机分类：电动泵、汽轮机泵、柴油机泵和气动隔膜泵。

8.1.2 离心泵

8.1.2.1 工作原理

水泵开动前，先将泵和进水管灌满水，水泵运转后，在叶轮高速旋转而产生的离心力的作用下，叶轮流道里的水被甩向四周，压入蜗壳，叶轮入口形成真空，水池的水在外界大气压力下沿吸水管被吸入补充了这个空间。继而吸入的水又被叶轮甩出，经蜗壳而进入出水管。由此可见，若离心泵叶轮不断旋转，则可连续吸水、压水，水便可源源不断地从低处扬到高处或远方。综上所述，离心泵是在叶轮的高速旋转所产生的离心力的作用下，将水提向高处，故称离心泵。

8.1.2.2 特点

水沿离心泵的流经方向是沿叶轮的轴向吸入，垂直于轴向流出，即进出水流方向互成 $90°$。

由于离心泵靠叶轮进口形成真空吸水，因此在启动前必须向泵内和吸水管内灌注引水，或用真空泵抽气，以排出空气形成真空。而且泵壳和吸水管路必须严格密封，不得漏气，否则形不成真空，也就吸不上水来。

由于叶轮进口不可能形成绝对真空，因此离心泵吸水高度不能超过 10m，加上水流经吸水管路带来的沿程损失，实际允许安装高度（水泵轴线距吸入水面的高度）远小于 10m。如安装过高，则不吸水；此外，由于山区比平原大气压力低，因此同一台水泵在山区，特别是在高山区安装时，其安装高度应降低，否则也不能吸上水来。

8.1.3 轴流泵

8.1.3.1 工作原理

轴流泵与离心泵的工作原理不同，它主要是利用叶轮的高速旋转所产生的推力提水。轴流泵叶片旋转时对水所产生的升力，可把水从下方推到上方。

轴流泵的叶片一般浸没在被吸水源的水池中。由于叶轮高速旋转，在叶片产生的升力作用下，连续不断地将水向上推压，使水沿出水管流出。叶轮不断地旋转，水也就被连续压送到高处。

8.1.3.2 特点

水在轴流泵的流经方向是沿叶轮的轴相吸入、轴相流出，因此称轴流泵。其特点有：扬程低（1～13m）、流量大、效益高，适于平原、湖区、河网区排灌；启动前不需灌水，操作简单。

8.1.4 污水泵

8.1.4.1 LW 型立式排污泵

LW 型立式排污泵（图 8-1）是在引进国外先进技术的基础上，结合国内水泵的使用特点而研制成功的新一代泵类产品，具有节能效果显著、防缠绕、无堵塞、自动安装和自动控制等特点。其在排送固体颗粒和长纤维垃圾方面，具有独特效果。

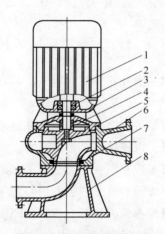

图 8-1 LW 型立式排污泵

1—电机；2—轴承；3—电机座；4—机械密封；5—叶轮；6—泵体；7—密封圈；8—底座

LW 型立式排污泵采用独特叶轮结构和新型机械密封，能有效地输送固体物和长纤维。叶轮与传统叶轮相比，该泵叶轮采用单流道或双流道形式，它类似于一截面大小相同的弯管，具有非常好的过流性，配以合理的蜗室，使得该泵具有效率高和运行中无振动的优点。

无堵塞直立式排污泵适用于化工、石油、制药、采矿、造纸工业、水泥厂、炼钢厂、电厂、煤加工工业，以及城市污水处理厂排水系统、市政工程、建筑工地等行业输送带颗粒的污水、污物，也可用于抽送清水及带腐蚀性介质。

8.1.4.2 WQ 型潜水排污泵

WQ 型潜水排污泵（图8-2）主要部件由叶轮、泵体、底座潜水电机组成。水泵和电机是同一根轴，由于水泵位于整个排污泵最下端，它能最大限度抽吸地面积余污水。叶轮为双流道设计，大大提高了污物的过流能力，能有效地通过直径为泵口径50%的固体颗粒。

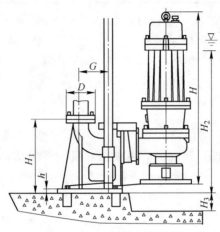

图 8-2　WQ 型潜水排污泵

WQ 型潜水排污泵适用于化工、石油、制药、采矿、造纸工业、水泥厂、炼钢厂、电厂、煤加工工业，以及城市污水处理厂排水系统、市政工程、建筑工地等行业输送带颗粒的污水、污物，也可用于抽送清水及带腐蚀性介质。其适用范围如下：介质温度不超过60℃，介质密度为 1～1.3kg/dm³；无内自流循环冷却系统的泵，电机部分露出液面不超过 1/2；铸铁材质的适用范围为 pH 5～9；1Cr18Ni9Ti 不锈钢材质可使用各种腐蚀性介质。

8.1.5　污泥泵

污泥泵是用于排放黏度或浓度较高污泥的输送机械，一般用于脱水处理前污泥及造纸污泥的输送。其典型结构如图8-3所示。

8.1.5.1　污泥泵特点

提升叶轮具有最佳的水力设计，无缠绕堵塞现象；轴和油室的密封先进可靠，并有防渗漏保护；安装方便迅速，可用于任何形状的水池，占地小；操作简单，易于维护，配套电机功率小，无噪声。

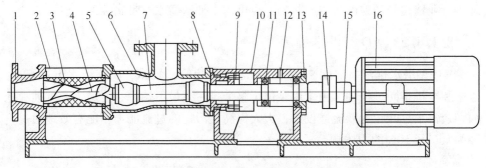

图 8-3   污泥泵示意图

1—出料体；2—拉杆；3—定子；4—螺杆轴；5—方向节；6—进料体；7—链接轴；8—填料座；
9—填料压盖；10—轴承座；11—轴承；12—传动轴；13—轴承盖；14—联轴器；15—底盘；16—电机

8.1.5.2 技术特点

污泥回流泵转动平稳自如，无卡死、停滞、振动等现象。其作密封气压试验，试验压力为 0.2MPa。污泥回流泵采用双机械密封结构和唇形密封结构，机械密封保证在 10000h 内可靠运行而不需更换，引出电缆采用 YZW 型橡胶套软电缆或性能相同的其他电缆，电缆密封头采用特殊硫化处理，以防电缆外皮破损而渗水至电机。油室内设有密封泄漏保护装置。回流泵引出电缆中双色线（黄/绿）规定为接地线，连接可靠，接地标志明显，在使用期内不易磨灭。电机转子采用动平衡试验，平衡精度为 G6.3。电机定子绕组内设有热保护开关。污泥回流泵运行期间，电源电压、频率与额定值的偏差及对电机性能和温升的影响符合 GB 755 的规定，电机的电气性能符合 JB/T 8092、JB/Z 346、GB 5013.4 中的规定。污泥回流泵在导轨支架上自由升降，可与预埋回流管快速耦合，运行平稳、可靠。

8.1.6 其他类型泵

除最常用的离心泵外，还有水和型、回转型、容积式、动力式、污水型、隔膜式等类型泵，其选择方式和性能详见泵手册。

8.2 风　　机

风机是我国对气体压缩和气体输送机械的习惯简称，通常所说的风机包括通风机、鼓风机、风力发电机。气体压缩和气体输送机械是把旋转的机械能转换为气体压力能和动能，并将气体输送出去的机械。

在烟气处理中，为了使烟气的流量达到要求值，就必须使用合适的风机增压，调试，才能满足烟气处理对气体流量、流速的要求。

8.2.1　风机主要分类

风机主要分类如下：

（1）按风压分类：分为低压风机、中压风机和高压风机。其压力范围如下：

低压：风机全压 $H \leqslant 1000\mathrm{Pa}$；

中压：$1000\mathrm{Pa} < H \leqslant 3000\mathrm{Pa}$；

高压：$3000\mathrm{Pa} < H \leqslant 15000\mathrm{Pa}$。

通风工程中大多采用低压与中低压风机。

（2）按用途分类：大致分为离心压缩机、电站风机、一般离心通风机、一般轴流通风机、鼓风机、污水处理风机、高温风机、空调风机、消防风机、矿井风机、烟草风机、粮食风机、船用风机、排尘风机、屋顶风机、锅炉鼓引风机。

（3）按原理分：可分为离心式风机和轴流式通风机。

（4）按技术分：按照轴承技术分，可分为一般机械轴承式鼓风机、磁悬浮鼓风机、气悬浮轴承鼓风机。

8.2.2　离心式风机

离心风机广泛用于工厂、矿井、隧道、冷却塔、车辆、船舶和建筑物的通风、排尘和冷却，锅炉和工业炉窑的通风和引风，空气调节设备和家用电器设备中的冷却和通风，谷物的烘干和选送，风洞风源和气垫船的充气和推进等。

8.2.2.1　工作原理

离心式风机根据动能转换为势能原理，利用高速旋转的叶轮将气体加速，然后减速、改变流向，使动能转换成势能（压力）。在单级离心式风机中，气体从轴向进入叶轮，气体流经叶轮时改变成径向，然后进入扩压器。在扩压器中，气体流动方向改变，造成减速，这种减速作用将动能转换成压力能。压力增高主要发生在叶轮中，其次发生在扩压过程。在多级离心式风机中，用回流器使气流进入下一叶轮，产生更高压力。

8.2.2.2　性能特点

离心风机实质是一种变流量恒压装置。当转速一定时，离心风机的压力-流量理论曲线应是一条直线。由于内部损失，实际特性曲线是弯曲的。离心风机中所产生的压力受到进气温度或密度变化的较大影响。对一个给定的进气量，最高进气温度（空气密度最低）时产生的压力最低。对于一条给定的压力与流量特性曲线，就有一条功率与流量特性曲线。在给定的流量条件下，鼓风机以恒速运行，所需的功率随进气温度的降低而升高。

离心式风机按其产生风压高低可分为离心式鼓风机与离心式通风机。

8.2.2.3　离心式鼓风机

工作原理：当电机转动带动风机叶轮旋转时，叶轮中叶片之间的气体也跟着旋转，并在离心力的作用下甩出这些气体，气体流速增大，使气体在流动中把动能转换为静压能。之后随着流体的增压，静压能又转换为速度能，通过排气口排出气体。此时在叶轮中间形成了一定的负压，由于入口呈负压，使外界气体在大气压的作用下立即补入，在叶轮连续旋转作用下不断排出和补入气体，从而达到连续鼓风的目的。其结构图如图8-4所示。

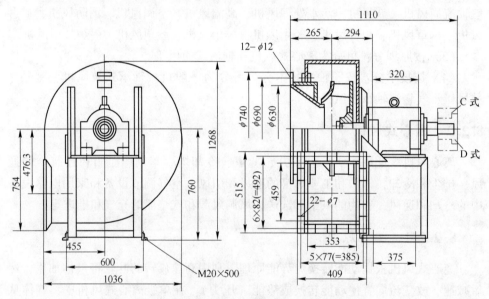

图8-4　离心式鼓风机结构图

风压在14700~34300Pa，主要用于输送空气、烧结烟气、煤气、二氧化硫和一些化工气体或混合气体。离心式鼓风机实物图如图8-5所示。

8.2.2.4　离心式通风机

离心式通风机由叶轮、机壳、进风口及传动部分等四部分组成。风压低于或等于17400Pa，气体基本没有受到压缩，主要用于隧道及矿井通风、锅炉送风、引风、空调通风等。结构图和实物图如图8-6和图8-7所示。

图8-5　离心式鼓风机

图 8-6 离心式通风机

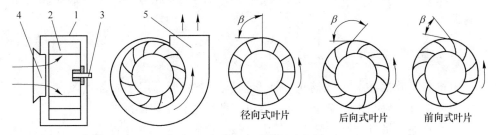

径向式叶片 　　 后向式叶片 　　 前向式叶片

图 8-7　离心式通风机示意图

1—蜗壳；2—叶片；3—主轴；4—进气室；5—扩散器

离心式通风机的特点：离心通风机主要由叶轮、机壳、进风口等部分配直联电机而组成。

叶轮由 10 个后倾的圆弧薄板型叶片、曲线型前盘和平板后盘组成，均用钢板制造，并经动、静平衡校正。其空气性能良好，效率高，运转平稳。机壳做成两种不同形式，一种机壳作为整体，不能拆开；一种的机壳制成三开式，除沿中分水平面分为两半外，上半部再沿中心线垂直分为两半，用螺栓连接。进风口制成整体，装于风机的侧面，与轴向平行的截面为曲线形状，能使气体顺利进入叶轮，且损失较小。传动部分由主轴、轴承箱、滚动轴承、带轮组成。

8.2.3　轴流式风机

轴流式风机，就是与风叶的轴同方向的气流（风的流向和轴平行），如电风扇、空调外机风扇就是轴流方式运行风机。

8.2.3.1　结构

轴流式通风机（图 8-8）主要由轮毂、叶片、轴、外壳、集风器、流线体、整流器、扩散器以及进风口和叶轮组成。进风口由集风器和流线体组成，叶轮由轮毂和叶片组成。叶轮与轴固定在一起形成通风机的转子，转子支承在轴承上。

图 8-8   轴流式通风机

8.2.3.2   工作原理

轴流式风机叶片的工作方式与飞机的机翼类似。但是，后者是将升力向上作用于机翼上，并支撑飞机的质量，而轴流式风机则固定位置并使空气移动。气流由集流器进入轴流风机，经前导叶获得预旋后，在叶轮动叶中获得能量，再经后导叶，将一部分偏转的气流动能转变为静压能，最后气体流经扩散筒，将一部分轴向气流的动能转变为静压能后输入管路中。

8.2.3.3   特点

电机和风叶都在一个圆筒里，外形就是一个筒形，用于局部通风，安装方便，通风换气效果明显，安全，可以接风筒把风送到指定的区域。

轴流式通风机具有结构简单、稳固可靠、噪声小、功能选择范围广等优点。

8.3   管　道

管道主要应用于液体、气体和固体颗粒等流体的输送。根据输送流体的量和性质不同，对管道的要求也不同，主要是管道的材质、壁厚、管径、管长等性能参数。

8.3.1   分类

管道有多种分类方法，可概括为如下几种。
(1) 按材质：
钢管：又分为高碳钢管、合金钢管、普通碳钢管、不锈钢管、镀锌管；
铜管：又分为紫铜管、合金铜管等；
塑料管：又分为聚氯乙烯管、聚丙烯管等；
复合管、衬胶管等、橡胶管、铸铁管，水泥管。
(2) 按用途：水管、油管、蒸汽管、消防管等。
(3) 按压力：高压管道、中低压管道、高压油管、负压管等。
(4) 按介质：耐油管、食用油管、水管、蒸汽管、氧气管、氢气管等。

8.3.2 钢管

8.3.2.1 分类

钢管按生产方法可分为两大类：无缝钢管（图 8-9）和有缝钢管，有缝钢管简称为直缝钢管。

无缝钢管按生产方法可分为热轧无缝管、冷拔管、精密钢管、热扩管、冷旋压管和挤压管等。

无缝钢管用优质碳素钢或合金钢制成，有热轧、冷轧（拔）之分。

焊接钢管因其焊接工艺不同而分为炉焊管、电焊（电阻焊）管和自动电弧焊管，因其焊接形式的不同分为直缝焊管和螺旋焊管两种，因其端部形状又分为圆形焊管和异型（方、扁等）焊管。

图 8-9 普通无缝钢管

焊接钢管是由卷成管形的钢板以对缝或螺旋缝焊接而成，在制造方法上，又分为低压流体输送用焊接钢管、螺旋缝电焊钢管、直接卷焊钢管、电焊管等。无缝钢管可用于各种行业的液体气压管道和气体管道等。焊接管道可用于输水管道、煤气管道、暖气管道、电器管道等。

8.3.2.2 规格

螺旋钢管的规格要求应在进出口贸易合同中列明。一般应包括标准的牌号（种类代号）、钢筋的公称直径、公称重量（质量）、规定长度及上述指标的允差值等各项。我国标准推荐公称直径为 8mm、10mm、12mm、16mm、20mm、40mm 的螺旋钢管系列。供货长度分定尺和倍尺两种。我国出口螺纹钢定尺选择范围为 6~12m，日本产螺纹钢定尺选择范围为 3.5~10m。

8.3.2.3 外观质量

（1）表面质量。有关标准中对螺纹钢的表面质量作了规定，要求端头应切得平直，表面不得有裂缝、结疤和折叠，不得存在使用上有害的缺陷等。

（2）外形尺寸偏差允许值。螺纹钢的弯曲度及钢筋几何形状的要求在有关标准中作了规定。如我国标准规定，直条钢筋的弯曲度不大于 6mm/m，总弯曲度不大于钢筋总长度的 0.6%。

8.3.3 铜管

铜管又称紫铜管（图 8-10），为有色金属管的一种，是压制的和拉制的无缝管。铜管具备坚固、耐腐蚀的特性，成为现代承包商在所有住宅商品房的自来水管道、供热、制冷管道安装的首选。

8.3.3.1 分类

常用的铜管可以分为以下几种类型：铜冷凝管、结晶器铜管、空调铜管，各种挤制、拉制（反挤）紫铜管、铁白铜管、黄铜管、青铜管、白铜管、铍铜管、钨铜管、磷青铜管、铝青铜管、锡青铜管、进口红铜管、薄壁铜管、毛细铜管、五金铜管、异型铜管、小铜管、笔铜管、笔铜管等。

根据用户需要，按图纸加工生产方型、矩形结晶器铜管，以及 D 型铜管、偏心铜管等。

图 8-10　普通铜管

8.3.3.2 特点

铜管质量较轻，导热性好，低温强度高。常用于制造换热设备（如冷凝器等），也用于制氧设备中装配低温管路。直径小的铜管常用于输送有压力的液体（如润滑系统、油压系统等）和用作仪表的测压管等。

铜管融众多优点于一身，具有一般金属的高强度，同时又比一般金属易弯曲、易扭转、不易裂缝、不易折断，并具有一定的抗冻胀和抗冲击能力，因此建筑中的供水系统中铜水管一经安装，使用起来安全可靠，甚至无须维护和保养。

8.3.4 塑料管

在非金属管路中，应用最广泛的是塑料管。塑料管种类很多，分为热塑性塑料管和热固性塑料管两大类。属于热塑性的有聚氯乙烯管、聚乙烯管、聚丙烯管、聚甲醛管等；属于热固性的有酚塑料管等。塑料管的主要优点是耐蚀性能好，质量轻，成型方便，加工容易；缺点是强度较低，耐热性差。

8.3.4.1 硬聚氯乙烯管

硬聚氯乙烯，俗称 UPVC，又称硬 PVC，它由氯乙烯单体经聚合反应而制成的无定形热塑性树脂加一定的添加剂（如稳定剂、润滑剂、填充剂等）组成。

硬聚氯乙烯管（图 8-11）通常直径为 40~100mm，内壁光滑阻力小、不结垢、无毒、无污染、耐腐蚀。使用温度不大于 40℃，故为

图 8-11　UPVC 管

冷水管。其抗老化性能好、难燃，可用橡胶圈柔性连接安装。

硬聚氯乙烯管具有质量轻、强度小，具有良好的自熄性能和良好的化学稳定性，可用于排水、排污、通风和雨水管道等工程中。

8.3.4.2　聚乙烯管

聚乙烯管，俗称 PE 管。根据密度的高低，它还可再细分为高密度聚乙烯管、中密度聚乙烯管和低密度聚乙烯管。高密度的具有较高的强度且耐热性能良好，可用于城市燃气及供水管道；中密度的刚度、强度一般，但具有良好的柔软性和抗蠕变性；低密度的柔软性、伸长率都具有一定优势，而且它的耐冲击性能、化学稳定性和高频绝缘性能优良，可用于农村灌溉、电力、电缆的通信等。

8.3.4.3　聚丙烯管

聚丙烯管，俗称 PP 管。其特点为密度小，强度刚度，硬度耐热性较好，可以在 100℃左右使用。PP 管低温时易变脆、不耐磨、易老化。但是，其具有安装方便快捷、经济实用、环保、质量轻、卫生无毒、耐热性好、耐腐蚀、保温性能好、寿命长等优点。PP 管用热熔连接最为可靠，操作方便，气密性好，接口强度高。管道连接采用手持式熔接器进行热熔连接。因此，它被广泛应用在化工、石油、氯碱、制药、染料、农药、食品、冶金、电镀、环保、水处理等行业。

8.3.5　混凝土管

混凝土管为用混凝土或钢筋混凝土制作的管子（图 8-12），用于输送水、油、气等流体。

8.3.5.1　分类

按管内径的不同，可分为小直径管（内径 400mm 以下）、中直径管（内径 400~1400mm）和大直径管（内径 1400mm 以上）。

按管子承受水压能力的不同，可分为低压管和压力管，压力管的工作压力一般有 0.4MPa、0.6MPa、0.8MPa、1.0MPa、1.2MPa 等。

图 8-12　钢筋混凝土管

混凝土管与钢管比较，按管子接头形式的不同，又可分为平口式管、承插式管和企口式管。其接口形式有水泥砂浆抹带接口、钢丝网水泥砂浆抹带接口、水泥砂浆承插和橡胶圈承插等。

8.3.5.2 钢筋混凝土管

钢管混凝土结构是在钢管内浇注混凝土形成的一种新型组合结构，它兼有钢管结构和钢筋混凝土结构的优点，具有明显的结构优势。钢管混凝土结构适应现代工程结构向大跨、高耸、重载发展和承受恶劣条件的需要，符合现代施工技术的工业化要求。因此正日益广泛地应用于房柱、构架柱、多层和高层建筑中的柱子以及公路和城市拱桥等工程中。

8.4 容 器

容器是指用以容纳物料并以壳体为主的基本装置。容器主要由壳体、封头、接管、法兰和支座组成。一般对容器的基本要求包括：满足工艺需要、保证操作安全，具有足够的强度、刚度，密封性好，耐腐蚀，并且具有一定的使用寿命；便于制造、安装、维修和使用；成本低，材料节省，尤其要节约不锈钢和有色金属等贵重材料。

容器在化工生产中应用广泛，按压力分为真空、常压、外压的压力容器，压力容器又可分为低压、中压、高压及超高压容器；按温度分为常温、低温及高温容器；按筒体结构分为单层容器和多层容器；按工艺用途分为储存、分离、反应及换热容器；按厚度分为薄壁和厚壁容器等。

8.4.1 容器分类

压力容器的分类方法很多，从使用、制造和监检的角度分类有以下几种。

（1）按容器在工艺过程中的作用不同一般可分为：

反应容器：用于完成介质的物理、化学反应的容器。

分离容器：用于完成介质的质量交换，气体净化，固、液、气分离的容器。

换热容器：用于完成介质的热量交换的容器。

储运容器：用于盛装液体或气体物料、储运介质或对压力起平衡缓冲作用的容器。

（2）按承受压力的等级分为真空、低压、中压、高压和超高压容器。

（3）按盛装介质分为非易燃、无毒、易燃、有毒。

8.4.2 压力容器

压力容器（pressure vessel），是指盛装气体或者液体，承载一定压力的密闭设备。储运容器、反应容器、换热容器和分离容器均属压力容器。

压力容器等级的划分为：

低压（代号 L）：0.1MPa≤p<1.6MPa；

中压（代号 M）：1.6MPa≤p<10.0MPa；

高压（代号 H）：10.0MPa≤p<100.0MPa；

超高压（代号 U）：p≥100.0MPa。

8.4.2.1 压力

压力容器的压力可以来自两个方面：一是压力是容器外产生（增大）的，二是压力是容器内产生（增大）的。

最高工作压力，多指在正常操作情况下，容器顶部可能出现的最高压力。

设计压力，是指在相应设计温度下用以确定容器壳体厚度的压力，也即标注在铭牌上的容器设计压力，压力容器的设计压力值不得低于最高工作压力；当容器各部位或受压元件所承受的液柱静压力达到 5% 设计压力时，则应取设计压力和液柱静压力之和进行该部位或元件的设计计算；装有安全阀的压力容器，其设计压力不得低于安全阀的开启压力或爆破压力。

8.4.2.2 温度

设计温度，系指容器在正常操作情况下，在相应设计压力下，壳壁或元件金属可能达到的最高或最低温度。

温度是压力容器及其系统的主要控制参数之一，温度过高可能会导致剧烈反应而使压力突增，造成冲料或压力容器爆炸，或反应物的分解着火等。同时，过高的温度会使压力容器材料的力学性能（如高温强度）减弱，承载能力下降，压力容器变形。温度过低则有可能造成反应速度减慢或停滞，当恢复到正常反应温度时，往往会因未反应物料过多而发生剧烈反应引起爆炸，温度过低还会使某些物料冻结，造成管路堵塞或破裂，致使易燃物泄漏而发生火灾和爆炸。需要严格控制压力容器的温度。

8.4.3 其他类型容器

8.4.3.1 反应容器

用于实现液相单相反应过程和液液、气液、液固、气液固等多相反应过程。其内常设有搅拌（机械搅拌、气流搅拌等）装置（图 8-13）。在高径比较大时，可用多层搅拌桨叶。在反应过程中物料需加热或冷却时，可在反应器壁处设置夹套，或在器内设置换热面，也可通过外循环进行换热。

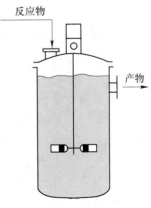

图 8-13 反应容器

8.4.3.2　分离容器

分离器是把混合的物质分离成两种或两种以上不同物质的机器（图 8-14）。如化工生产中使用的各类过滤器、集油器、缓冲器、储能器、洗涤器、吸收塔、铜洗塔、干燥塔、蒸馏塔等，均属于介质组分分离或气液两相分离的容器。

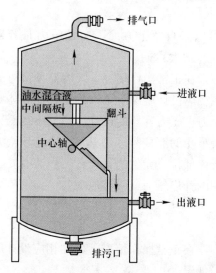

图 8-14　两相分离器

吉林石化分公司双苯厂"11·13"爆炸事故和松花江水污染事件

2005 年 11 月 13 日，中国石油天然气股份有限公司吉林石化分公司双苯厂硝基苯精馏塔发生爆炸，造成 8 人死亡、60 人受伤，直接经济损失 6908.28 万元，并引发松花江水污染事件。100t 左右的强致癌物质苯、硝基苯流入松花江中，导致下游松花江沿岸的大城市哈尔滨、佳木斯，以及松花江注入黑龙江后的沿江俄罗斯大城市哈巴罗夫斯克等面临严重的城市生态危机。经国务院事故及事件调查组的深入调查、取证和分析，认定中石油吉林石化分公司双苯厂"11·13"爆炸事故和松花江水污染事件，是一起特大安全生产责任事故和特别重大水污染责任事件。

造成爆炸事故的直接原因是硝基苯精制岗位外操人员违反操作规程，在停止粗硝基苯进料后，未关闭预热器蒸气阀门，导致预热器内物料汽化；恢复硝基苯精制单元生产时，再次违反操作规程，先打开了预热器蒸气阀门加热，后启动粗硝基苯进料泵进料，引起进入预热器的物料突沸并发生剧烈振动，使预热器及管线的法兰松动、密封失效，空气吸入系统，由于摩擦、静电等原因，导致硝基苯精馏塔发生爆炸，并引发其他装置、设施连续爆炸。

双苯厂没有事故状态下防止受污染的"清净下水"流入松花江的措施，爆炸事故发生后，未能及时采取有效措施，防止泄漏出来的部分物料和循环水及抢救事故现场消防水与残余物料的混合物流入松花江，造成了污染事件。

8.5 压 力 表

压力表是指以弹性元件为敏感元件，测量并指示高于环境压力的仪表，通过表内敏感元件（波登管、膜盒、波纹管）的弹性形变，再由表内机芯的转换机构将压力形变传导至指针，引起指针转动来显示压力。在热力管网、油气传输、供水系统、排水系统、供气系统等领域使用非常普遍。由于机械式压力表的弹性敏感元件具有很高的机械强度以及生产方便等特性，使得机械式压力表在工业过程控制与测量技术中得到越来越广泛的应用。

8.5.1 压力表分类

（1）压力表按其测量精确度，可分为精密压力表和一般压力表。精密压力表的测量精确度等级分别为 0.1 级、0.16 级、0.25 级、0.4 级、0.5 级；一般压力表的测量精确度等级分别为 1.0 级、1.6 级、2.5 级、4.0 级。

（2）压力表按其指示压力的基准不同，分为一般压力表、绝对压力表、不锈钢压力表、差压表。一般压力表以大气压力为基准，绝对压力表以绝对压力零位为基准，差压表测量两个被测压力之差。

（3）压力表按其测量范围，分为真空表、压力真空表、微压表、低压表、中压表及高压表。真空表用于测量小于大气压力的压力值；压力真空表用于测量小于和大于大气压力的压力值；微压表用于测量小于 60000Pa 的压力值；低压表用于测量 0~6MPa 压力值；中压表用于测量 10~60MPa 压力值；高压表用于测量 100MPa 以上压力值。

（4）压力表按其显示方式，分为指针压力表，数字压力表。

（5）压力表按其使用功能不同，可分为就地指示型压力表和带电信号控制型压力表。

（6）按照压力表的用途，可分为普通压力表、氨压力表、氧气压力表、电接点压力表、远传压力表、耐振压力表、带检验指针压力表、双针双管或双针单管压力表、数显压力表、数字精密压力表等。

8.5.2 常见压力表

工程中常用的压力表主要有波登管压力表（图8-15）、膜盒压力表、防爆压力表、真空压力表（图8-16）、防爆电接点压力表、防爆数字（指针）显示压力表（图8-17）等，它们的技术参数详见各生产厂家的规格说明。

图8-15 波登管压力表   图8-16 真空压力表   图8-17 防爆数字显示压力表

8.5.2.1 波登管压力表

波登管压力表的敏感元件是波登管。压力表通过表内波登管的弹性形变，由表内机芯的转换机构将压力形变传导至指针，引起指针转动，由此显示压力。

波登管压力表可测量具有高动态压力负载或振动的测量点。其适用于非高黏度、不易结晶且不会侵蚀铜合金部件的气体和液体介质，还能应用于液压装置和压缩机内。

波登管压力表功能特性：量程高达0~40MPa，抗振动和冲击，可靠且性价比高，设计符合EN837-1标准。

8.5.2.2 真空压力表

真空压力表是以大气压力为基准，用于测量小于大气压力的仪表。其主要用于测量对钢、铜及铜合金无腐蚀作用，无爆炸危险的不结晶、不凝固的液体、气体或蒸汽介质的压力或负压。

真空压力表特点：性能稳定，测量精度较高，反应速度较快；属绝对真空计，精度0.5级以上的可作为标准真空压力表使用。其测量的是总压力，包括气体和蒸汽的压力。测量的结果与气体种类、成分及其性质无关。测量过程中，真空计本身吸气和放气很小，不会对被测气氛产生影响。真空计内部没有高温部件，不会使油蒸汽分解。若选用耐腐蚀材料制造，可测量腐蚀性气体压力。结构牢固，而且便于密封和安装；操作简便，不需要调整，但需要定期校验。

8.5.2.3　防爆数字显示压力表

防爆数字显示压力表广泛应用于石油、化工、冶金、电站等工业部门或机电设备配套中测量有爆炸危险的各种流体介质的压力。

防爆数字显示压力表具有高精度、高稳定性，误差不大于1%，内电源、微功耗、不锈钢外壳，防护坚固，美观精致等特点。

8.6　流　量　计

流量计是指用于测量管道或明渠中流体流量的一种仪表。

流量计又分为差压流量计、电磁流量计、转子流量计、节流式流量计、细缝流量计、容积流量计、超声波流量计等。

按介质流量计又可被分为液体流量计和气体流量计。

8.6.1　差压流量计

差压流量计是根据安装于管道中流量监测件产生的差压，已知的流体条件和检测件与管道的几何尺寸以测量流量的仪表（图8-18）。

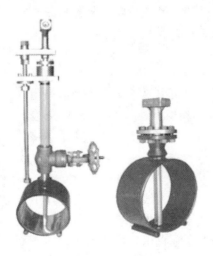

图8-18　差压流量计

8.6.1.1　工作原理

压差流量计是采用介质流体流经节流装置时产生的压力差与流量之间存在一定关系的工作原理进行测定的。充满管道的流体流经管道内的节流装置，流束在节流件处形成局部收缩，从而使流速增加、静压力降低，于是在节流件后产生了静压力差，且流体流速越大，在节流件前后产生的差压也越大。

8.6.1.2 特点

压差流量计差压信号稳定，测量精度高，具有防堵设计，压损极小，能耗低、免维护。结构独特，具有一体化双腔结构，强度高，适应高温高压场合。其应用范围广泛，适应各种尺寸的圆管和方管。其可带温度、压力测量，进行密度补偿。其开孔小、安装方便，直管段要求低，可在线带压安装和检修。

8.6.1.3 应用领域

（1）工业生产过程。它被广泛适用于冶金、电力、煤炭、化工、石油、交通、建筑、轻纺、食品、医药、农业、环境保护及人们日常生活等国民经济各个领域，是发展工农业生产、节约能源、改进产品质量、提高经济效益和管理水平的重要工具，在国民经济中占有重要的地位。

（2）环境保护工程。烟气排放控制是根治污染的重要项目，每个烟囱必须安装烟气分析仪表和流量计，组成连续排放监视系统。烟气的流量测量有很大困难，它的难度在于烟囱尺寸大且形状不规则，气体组分变化不定，流速范围大，脏污，灰尘，腐蚀，高温，无直管段等。

（3）交通运输。有 5 种方式：铁路公路、航空、水运和管道运输。其中管道运输虽早已有之，但应用并不普遍。

8.6.2 电磁流量计

电磁流量计是根据法拉第电磁感应定律制造的用来测量管内导电介质体积流量的感应式仪表（图 8-19）。

图 8-19 电磁流量计

8.6.2.1 工作原理

当导体在磁场中作切割磁力线运动时，在导体中会产生感应电势，感应电势的大小与导体在磁场中的有效长度及导体在磁场中作垂直于磁场方向运动的速度成正比。同理，导电流体在磁场中作垂直方向流动而切割磁感应力线时，也会在管道两边的电极上产生感应电势。感应电势的方向由右手定则判定，感应电势的大小由下式确定：

$$E = BLu \tag{8-1}$$

式中 E——感应电动势；

      B——磁感应强度；

L——导体在磁场内的强度；

u——导体的运动速度。

圆形截面测量管道的体积流量 q_v 为：

$$q_v = \frac{\pi D^2}{4} u \qquad (8-2)$$

可得体积流量的表达式为：

$$q_v = \frac{\pi D}{4k} \times \frac{E}{B} \qquad (8-3)$$

由式（8-3）可以看出，体积流量 q_v 与感应电动势 E 和测量管内径 D 呈线性关系，与磁场的磁感应强度 B 成反比，与其他物理参数无关。

8.6.2.2　特点

电磁流量计压力损失小；可测量脏污介质、腐蚀性介质及悬浊性液固两相流的流量；电磁流量计所测得的体积流量，不受流体密度、黏度、温度、压力和电导率变化的影响；量程范围宽；口径范围宽；电磁流量计无机械惯性，反应灵敏，可以测量瞬时脉动流量，也可测量正、反两个方向的流量。

电磁流量计目前已广泛地应用于工业上各种导电液体的测量。其主要用于化工、造纸、食品、纺织、冶金、环保、给排水等行业，与计算机配套可实现系统控制。

8.6.3　转子流量计

转子流量计是以浮子在垂直锥形管中随着流量变化而升降，改变它们之间的流通面积来进行测量的体积流量仪表（图8-20）。

8.6.3.1　工作原理

转子流量计的流量检测元件是由一根自下向上扩大的垂直锥形管和一个沿着锥管轴上下移动的浮子组所组成。

被测流体从下向上经过锥管和浮子形成环隙时，浮子上下端产生差压形成浮子上升的力，当浮子所受上升力大于浸在流体中浮子重量时，浮子上升，环隙面积随之增大，环隙处流体流速立即下降。浮子上下端差压降低，作用于浮子的上升力也随着减少，直到上升力等于浸在流体中浮子重力时，浮子便稳定在某一高度。浮子在锥管中的高度和通过的流量有对应关系。

图 8-20　转子流量计

8.6.3.2　特点

（1）转子流量计适用于小管径和低流速。常用仪表口径 50mm 以下，最小口径为 1.5~4mm。

（2）转子流量计可用于较低雷诺数。

（3）大部分转子流量计没有对上游直管段的要求，或者说对上游直管段要求不高。

（4）转子流量计有较宽的流量范围度，一般为 10∶1，最低为 5∶1，最高为 25∶1。流量检测元件的输出接近于线性，压力损失较低。

（5）大部分结构转子流量计只能用于自下向上垂直流的管道安装。

（6）转子流量计应用局限于中小管径，普通全流型转子流量计不能用于大管径，玻璃管转子流量计最大口径为 100mm，金属管转子流量计为 150mm，更大管径只能用分流型仪表。

（7）使用流体和出厂标定流体不同时，要作流量示值修正。液体用转子流量计通常以水标定，气体用空气标定，如实际使用流体密度、黏度与之不同，流量要偏离原分度值，要作换算修正。

8.6.3.3　应用情况

转子流量计作为直观流动指示或测量精确度要求不高的现场指示仪表，占转子流量计应用的 90%以上，被广泛地用在电力、石化、化工、冶金、医药等流程工业和污水处理等公用事业。有些应用场所只要监测流量不超过或不低于某值即可。例如电缆惰性保护气流量增加说明产生了新的泄漏点。循环冷却和培养槽等水或空气减流断流报警等场所可选用有上限或下限流量报警的玻璃管转子流量计。

环境保护大气采样和流程工业在线监测的分析仪器连续取样，采样的流量监控也是转子流量计的大宗服务对象。

作为流程工业液位、密度等其他参量的测量中，定流量测量和控制的辅助仪表应用得非常普遍，占有相当份额。

带信号输出的远传金属转子流量计在流程工业常用作流量控制检测仪表或管线混合配比，如给水处理过程控制原水加药液的配比量。

8.7　液　位　计

在容器中液体介质的高低叫做液位，测量液位的仪表叫液位计。

常用的液位计有磁浮子液位计、超声波液位计、内浮式液位计、磁翻板液位计、投入式液位计等。

8.7.1 磁浮子液位计

磁浮子液位计是以磁性浮子为感应元件，并通过磁性浮子与显示色条中磁性体的耦合作用，反映被测液位或界面的测量仪表，如图 8-21 所示。

8.7.1.1 工作原理

磁浮子液位计与被测容器形成连通器，保证被测量容器与测量管体间的液位相等。当液位计测量管中的浮子随被测液位变化时，浮子中的磁性体与显示条上显示色标中的磁性体作用，使其翻转，红色表示有液，白色表示无液，以达到就地准确显示液位的目的。

图 8-21 磁浮子液位计

用户还可根据工程需要，配合磁控液位计使用，可就地数字显示，或输出 4~20mA 的标准远传电信号，以配合记录仪表或工业过程控制的需要。也可以配合磁性控制开关或接近开关使用，对液位监控报警或对进液出液设备进行控制。

8.7.1.2 特点

（1）高灵敏度（避免面板花脸现象）、宽视窗（便于观看）。

（2）各种液体以及高温、高压、腐蚀性和易燃易爆介质液位的连续测量。

（3）现场指示、信号远传（4~20mA 或 HART）、一机多能。

（4）显示器以红色指示液位，直观、醒目。测量范围大、全过程测量无盲区。显示器与被测介质完全隔离，安全、可靠。

8.7.2 超声波液位计

8.7.2.1 工作原理

超声波液位计是由微处理器控制的数字液位仪表，如图 8-22 所示。在测量中超声波脉冲由传感器（换能器）发出，声波经液体表面反射后被同一传感器接收或超声波接收器接收，通过压电晶体或磁致伸缩器件转换成电信号，并由声波的发射和接收之间的时间来计算传感器到被测液体表面的距离。由于采用非接触的测量，被测介质几乎不受限制，可广泛用于各种液体和固体物

图 8-22 超声波液位计

料高度的测量。

8.7.2.2 特点

超声波液位计抗干扰性强。其可任意设置上下限节点及在线输出调节，并带有现场显示。其可选择模拟量、开关量及 RS485 输出，方便与相关设施接口。采用聚丙烯防水外壳，壳体小巧且相当坚固，具有优良的耐化学品性，对于无机化合物，除强氧化性物料外，不论酸、碱、盐溶液，几乎都对其无破坏作用，在室温下几乎对所有溶剂均不溶解，一般烷、烃、醇、酚、醛、酮类等介质上均可使用。其质量轻，不结垢，不污染介质，无毒性。其可用于药品、食品工业设备安装，维修极为方便。

8.7.3 内浮式液位计

内浮式双腔液位计（黏稠介质液位计），是采用加拿大 JKS 公司的技术，是一种针对高黏稠介质而研发的专用液位测量仪表。该产品是在磁浮子液位计的基础上进行的技术升级，完全克服磁浮子液位计对黏稠介质长期以来测量不准确、腔体内部的液体与浮子黏附、维护困难等诸多弊病，如图 8-23 所示。

图 8-23　内浮式双腔液位计

内浮式磁性液位计是一种双腔液位计，被测介质与磁性面板端的腔体隔离，容器端腔体内部与浮子经过特殊处理后，确保了浮子跟随液位的变化线性地传递给磁性面板，并清晰准确地指示出液位的高度。它既能现场显示，又能兼顾报警控制和输出远传信号，是一机多能的液位测量仪表，是测量黏稠介质最佳的液位测量仪表。

8.7.4 磁翻板液位计

磁翻板液位计（图 8-24）根据具体不同的工作环境，生产出了适应各种环境以及各种材料的液位计，其中包括：液压机液位计、UHZ-F防腐型磁性翻板液位计、保温夹套翻板液位计、高温高压磁翻柱液位、UHZ顶装式磁性浮子液位计、HG5-1玻璃板液位计、HG5-2防霜液位计、HG5玻璃管式液位计、UNS（UGS）彩色石英管液位计、UHZ-59系列磁翻柱（板）液位计等多类型产品。

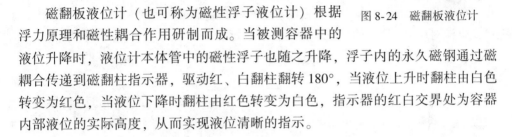

8.7.4.1　工作原理

磁翻板液位计（也可称为磁性浮子液位计）根据

图8-24　磁翻板液位计

浮力原理和磁性耦合作用研制而成。当被测容器中的液位升降时，液位计本体管中的磁性浮子也随之升降，浮子内的永久磁钢通过磁耦合传递到磁翻柱指示器，驱动红、白翻柱翻转180°，当液位上升时翻柱由白色转变为红色，当液位下降时翻柱由红色转变为白色，指示器的红白交界处为容器内部液位的实际高度，从而实现液位清晰的指示。

8.7.4.2　结构和用途

磁翻板液位计由本体、翻板箱（由红、白双色磁性小翻板组成）、浮子、法兰盖等组成，用于各类液体容器的液位测量。磁翻板液位计能用于高温、防爆、防腐、食品饮料等场合，作液位的就地显示或远传显示与控制。UHZ系列磁翻板液位计可以做到高密封、防泄漏和在高温、高压、高黏度、强腐蚀性条件下安全可靠地测量液位。全过程测量无盲区，显示醒目，读数直观，并且测量范围大，配有上液位报警、控制开关，可实现液位或界位的上下限报警和控制，配上液位变送器可将液位、界位信号转换成二线制4~20mA DC的标准信号，实现远距离检测、指示、记录与控制。UHZ系列磁翻板液位计广泛用于电力、石油、化工、冶金、环保、船舶、建筑、食品等行业生产过程中的液位测量与控制。

8.8　在线pH计

处理液体的pH环境对处理的效果有很大的影响，因此在废水处理运行过程中必须时刻保证适宜的pH环境，在线pH计是必不可少的仪表。

在线pH计（图8-25）在保证性能的基础上简化了功能，从而具有了特别强的优势。在火电、化工化肥、冶金、环保、制药、生化、食品和自来水等溶液中pH值的连续监测中广泛应用。

目前在线pH计具有如下特点：

（1）微机化。采用高性能 CPU 芯片、高精度 AD 转换技术和 SMT 贴片技术，可完成多参数测量、温度补偿、量程自动转换、仪表自检，精度高，重复性好。

（2）高可靠性。没有复杂的功能开关调节旋钮。

（3）抗干扰能力强。电流输出和报警继电器采用光电耦合隔离技术，抗干扰能力强，实现远传。

（4）自动报警功能。报警信号隔离输出，报警上、下限可任意设定，报警滞后撤销。

（5）网络功能。隔离的电流输出和 RS485 通信接口，电流对应 pH 值的输出上下限可任意设定。

图 8-25　在线 pH 计

（6）标液 pH 值自动折算。预存了标液的温度曲线，标定时自动折算出标液在设定温度下的 pH 值。

（7）自动判别错误标定。若用户在标定时错误使用标准缓冲液，仪器将自动提示。

思 考 题

8-1　泵的分类有哪些？工作原理是什么？各自具有什么特点？

8-2　风机的分类有哪些？并简述离心风机的工作原理。

8-3　简述常见工程管道的分类。

8-4　常见的容器有哪几类？

8-5　简述常用的压力表、流量计、液位计等工作原理。

参 考 文 献

［1］沙毅，闻建龙．泵与风机［M］．合肥：中国科学技术大学出版社，2005.

［2］骆家祥，刘汉奇，康劲松．管道工程安装手册［M］．太原：山西科学技术出版社，2005.

［3］刘庆山，刘屹立，刘翌杰．管道安装工程［M］．北京：中国建筑工业出版社，2006.

［4］王朝晖．泵与风机［M］．北京：中国石化出版社，2007.

［5］徐英华，杨有涛．流量及分析仪表［M］．北京：中国计量出版社，2008.

［6］刘伟军，匡江红，傅允准．流体输配管网［M］．北京：化学工业出版社，2009.

［7］梁国伟，蔡武昌．流量测量技术及仪表［M］．北京：机械工业出版社，2010.

［8］封苏伟，尹连文．仪表设备施工技术手册［M］．北京：中国建筑工业出版社，2010.

［9］何道清，谌海云，张禾．仪表与自动化［M］．北京：化学工业出版社，2011.

［10］杨诗成，王喜魁．泵与风机［M］．5 版．北京：中国电力出版社，2016.

专业实习日记与报告

实习单位＿＿＿＿＿＿＿＿

实习性质＿＿＿＿＿＿＿＿

实习时间＿＿＿＿＿＿＿＿

学　　院＿＿＿＿＿＿＿＿

专业班级＿＿＿＿＿＿＿＿

姓　　名＿＿＿＿＿＿＿＿

学　　号＿＿＿＿＿＿＿＿

指导教师＿＿＿＿＿＿＿＿

年　　月

教务处制

实习安排				
序号	时间	实习任务（内容）	实习地点	指导教师

实 习 日 记			
时间: 月 日	地点:	主讲人:	带队教师:

主要内容

实 习 日 记			
时间: 月 日	地点:	主讲人:	带队教师:

实 习 报 告

注：该部分建议按照实习模块整理

实习收获与感言

实习报告人签字：

年　月　日

实习单位意见或建议

实习单位盖章：　　　　　　　　　　实习指导人签字：

　　　　　　　　　　　　　　　　　　　　年　　月　　日

指导教师评阅与评语

指导教师签字：

年　　月　　日